JN026195

東日本大震災からの
農業復興支援モデル

―東京農業大学10年の軌跡―

東京農業大学［編］

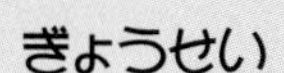

対談　自治体と大学による震災復興連携モデル

協働で挑んだ相馬市農業再生への10年

立谷秀清氏
（相馬市長）
×
大澤貫寿氏
（学校法人東京農業大学理事長）

プロフィール

大澤貫寿（おおさわ・かんじゅ） 昭和19年生まれ。東京農業大学農学部卒。昭和60年東京農業大学助教授、平成3年、同教授。平成7年、東京農業大学総合研究所所長。平成14年、東京農業大学応用生物科学部学部長。平成17年、東京農業大学学長。平成23年、学校法人東京農業大学理事長に就任。農学博士。

立谷秀清（たちや・ひできよ） 昭和26年生まれ。福島県立医科大学医学部卒。昭和58年、立谷内科医院開設、昭和61年、医療法人社団茶畑会立谷病院(現:相馬中央病院)理事長就任。平成7年、福島県議会議員（1期）。平成14年1月、相馬市長就任。現在5期目。全国市長会会長、福島県市長会会長なども務める。

2011年3月。東日本大震災の発災と原子力発電所の事故は、福島県相馬市を未曽有の危機に陥れた。地震・津波・放射能汚染、そして風評被害。多重災禍に見舞われた直後に同市を訪れた東京農業大学・大澤貫寿学長（当時）は、全学を挙げた支援を申し出る。大澤学長は各分野の専門研究者で構成する8つのプロジェクトチームを同市に派遣し、復旧・復興に立ち上がろうとする相馬市とともに取組みを開始した。それから間もなく10年。困難に立ち向かった相馬市と東京農業大学の長期にわたる協働がつくり上げた震災復興実践の成果は、今後の地方自治体と大学による新たな連携モデル、地域再生モデルとして注目が集まることになるだろう。立谷市長と大澤理事長に対談を通してそのプロセスと成果を振り返っていただいた。

押し寄せた巨大津波、学生の安否確認に追われた大学

――震災前の相馬市農業の状況と政策課題はどのようなものでしたか。

立谷　相馬の農業は、二宮尊徳先生の報徳思想が色濃く反映されています。江戸時代の1782年に「天明の大飢饉」があり、相馬藩内で相当な餓死者を出しました。その復興に手間取り、19世紀初頭に二宮尊徳門下に入るんですね。その思想を基礎に、富田高慶先生という高名な指導者が相馬藩から出たこともあり、伝統的に水田農業が盛んなのです。

その構造は基本的に今でも変わっておらず、人口4万人弱のまちに2,700haの水田と多くのため池があります。「報徳仕法」によって、ため池をつくり水田を増やすという農業を、長い間一所懸命にやってきたのが相馬市なのです。

その反面、近年は農地の集約がなかなか進まないという問題を抱えていました。１事業体あたりの耕作面積が小さいため、その規模拡大が中長期的な問題だったわけです。集落営農を農業法人化への一過程と考えれば、その近代化が課題になっているといえます。

もうひとつは中山間地の問題です。これは相馬だけではありませんが、養蚕を主体にしていた明治以降の中山間地の農業振興をどうするかが求められていた状況にありました。

――一方、東京農大は開学以来「実学主義」「現場主義」を旨に、社会貢献活動に取り組んでこられました。

大澤　東京農大は「人物を社会に、畑に還す」という言い方をよくします。初代学長である横井時敬は、昔から厳しい社会状況の中に置かれ、困難な生活を送っている農民をなんとかしようと考えました。そのため、学生に農業の基本的な知識を持たせて全国に還し、各地の農業の発展を図ることで地域社会に貢献しようとしたのです。農業及び関連産業を中心に学生を地域後継者、農業後継者として地域社会に戻していく。それが校是であり、綿々と繋げてきた伝統の精神だったわけです。

――そうしたなか、2011年3月11日を迎えました。立谷市長は、発災のときどこで何をしておられましたか。

立谷　直前まで理事長をしている土地改良区の会議をしていました。理事会

が終わって市役所に戻り、市長室に戻るためエレベーターに乗ろうとした瞬間に揺れが始まったんです。

緊急会議を開くため、すぐに対策本部会議のメンバーを招集しました。幹部職員と消防団長たちが集まったのは、揺れが収まって10分ほどでした。

そこで２つの指示を出しました。市内全体がどれくらい被災しているかわからない。内陸部の消防団は倒壊家屋の下敷きになっている人がいたら、すぐ助けなさい。海岸部の消防団員は、住民を高台に避難させなさいと。そんなことをしているうちに、三陸沖の津波の映像がTVで流れ始めました。なんということだ、ここにもくるのではないか。心配が募るうちに、相馬の内陸部まで津波がどっーと来たというニュースが入ってきたのです。予報された3mの津波が来たらどうしようかと胸騒ぎはしていました。しかし、現実は予想をはるかに超える津波が押し寄せたのでした。

――大澤理事長も当時は学長でしたが、東京も相当揺れましたね。

大澤　私たちは14:20から図書館４階で教授会があり、教授が70～80人集まっていたんです。最初は大きな揺れで、そのうちダーンと来ました。皆さん、机の下に隠れましたが、揺れがひどくなったときは、建物が潰れるのではないかと思うほどでした。

指示したのは、教室の学生を全てグラウンドに出すこと、同時に研究室は火を扱っていますから、その始末をしてから出なさいということです。もう一つは、すぐに建物の状況を見て来なさいと。大きな窓が割れて下に落ちましたが、これは仕方ないと思いました。

次に対応を迫られたのが帰宅問題です。公共交通機関がすべて止まって、学生も職員も家に帰れない。帰れずに泊まる学生をどうするか。携帯電話が使えないので、情報もとれない。多くの学生と職員を抱えるなか、どうにもなりませんでした。

――混乱のなかで当日を過ごし、そこからそれぞれ対策に走り出されました。

立谷　震災対応は、次の死者を出さないという方針でやるんです。津波が相当な人を飲み込んだことはすぐわかりました。しかも、磯部地区の消防第９分団と連絡が取れない。原釜地区と磯部地区はおそらく壊滅状態だろうと。ですから、一瞬にして飲み込まれた方は諦めるしかないが、倒壊家屋の下敷きになっていたり、被災現場で孤立している人はいないか。低体温症の人はいないか。病院の状況はどうか。道路啓開の問題もあり、自衛隊に連絡を取って機甲車の出動も要請しました。その次は避難所の設置と運営です。避難者は3,000人を超えると見積もりましたが、結果的に4,500人に上りました。

課題は山積みでした。緊急対応事項と中長期的課題をリストにしましたが、仮設住宅の建設も急務です。住宅は土地が決まらないとできないので、市内の空いている建物や土地を全部洗い出し、不動産業者に職員を張り付けて確保しました。

大澤　一番大変だったのは学生の安否確認です。3月11日は大学が春休みで、1～3年生は故郷に戻っている学生が多いのです。一人の学生も取り残さないようにと、沿岸部を中心として、青森、岩手、宮城、福島、茨城に居住する学生の被災状況を早急に調査しました。しかし、対象は1,500人にも上っていて、困難を極めました。なかなか報告が上がってこずに、全部掌握するまでに数週間かかりました。

次は学生の救済策で、学費の免除措置です。新学期を控えるなか、被災、損害の状況によって対応しようということです。ただ、これは学校法人との協議問題なので、理事長の決裁が必要です。理事長に掛け合って理解を得て、それは早急にやると決断してもらいました。

農業復興は我々の使命だ――立ち上がった「東日本支援プロジェクト」

――緊急課題が落ち着きを見せるころ、東京農大は被災地支援に乗り出します。

大澤　大震災と津波に襲われた東北の復興に大学がどう貢献できるかが学内で議論され始めました。我々は農業大学ですから、「被災地の農業を支援しよう。我々の建学の理念と照らしても使命だ」という先生が多く、ボランティアを志願する学生も増えてくるなど、私を後押ししてくれました。

「これをやらなかったら農大の存在価値がない。よし、やろう」ということになり、教授会の理解も得て、プロジェクトを立ち上げることにしました。これが「東日本支援プロジェクト」です。研究費もすぐつけるという決断をしました。

チームリーダーの選定にあたっては、東北の農業に知見のある先生をという思いから、門間敏幸教授にお願いしました。当時、門間先生は入院中でしたが、なんとベッドの中でプロジェクト案を書き上げ、対象地を「相馬」と提案してきました。

立谷　ああ、そうですか。最初から相馬だったとは知りませんでした。

大澤　案はできましたが、我々もそう簡単にいくとは思っていません。被災農地の再生ですから、始めるからには、おそらく5年、6年の長期プロジェクトになるだろうと最初から腹を決めていたのです。

――東京でそういう動きがあるなか、相馬市の農地はどうなっていましたか。

立谷　震災津波による農地への影響は、水田2,700haのうち、1,100haが海水を被るという、由々しき事態でした。率直なところ私は、水田はもう無理だと思いました。というのは、津波で瓦礫が来て、水田のかたちを成していない。そこになぎ倒された松の木が逆さに立っている。おまけに塩分を含み、ヘドロを被って、その上にセシウムまで降っているわけです。しかも、沿岸部の農家の人たちは皆、家から何から、農機具まで流されていました。

避難所に行って最初に聞いた言葉は、「もう、百姓は無理だ」と。皆さん、年齢も60歳を超えた方々です。ところが避難所で何日か過ごすうちに落ち着いてきて、「かといって、ほかにできることはない」「市長、やっぱりオレは百姓やりたいからなんとかしてくれ」と言うわけです。「なんとかしろ」と言われても…と、私は思案に暮れていました。そこに大澤先生たちが来られたんです。

東京農大教員に被災状況を説明する立谷市長。2011年5月2日

大澤　ああ、そうでしたか。

立谷　しかし、来たのは大澤先生たちだけではありませんでした。多重被災した上にセシウムまで被った水田は、研究者にとって格好の研究材料になるからです。私はやってくるいろいろな大学の人たちの話を聞きながら、内心、あなたたちの研究材料にされてたまるかと思っているわけです。相馬の農民の悩みや悲しみはそんなものではない、と憤っていました。

「支援は農大一本でいく」――膨らんだパートナーシップ

立谷　そこに大澤先生が来られた。話していて、私は「ほかの大学の教授たちとは違う。この人は本気だ」と思ったんです。それで、話して、話し続けて、お互いに感じるものがあったんでしょう。この人とだったらできるかもしれない。私が諦めたことを、この人と一緒にだったらできるかもしれないと思ったんですね。

それで、私の方針として、支援やアドバイスを求めるときは東京農大一本でいいと。これを二本、三本にすると間違うぞ。そういう考えになりました。

大澤　そうでしたね。立谷市長さんから「農大に任せる」「農大一本にした」と言われたわけです。立谷市長さんの心意気に感じ入りましたし、「これは何とかしなきゃいけない」「やれなかったら、農大の恥だ」と強く思いました。

――熱意ある個性的な先生方が、相馬のニーズや農家の気持ちにマッチしたと。そもそも、当時の大澤学長はなぜ自らこちらに来られたのでしょうか。

大澤　自分で現場を見ないとだめだというのは、最初から考えていたことです。ですから、支援場所が決まればそこに率先して行って、関係の方々に挨拶しなければいけないと決めていたんです。私自身も兼業農家の次男坊で、実家では水田もやっていました。ですから、みんなにこのプロジェクトで行ってもらうために、どの現場でどう動かすかは、身をもって感じておかないといけないと思っていましたね。

――「現場主義」が身体のなかにあるわけですね。

大澤　とくに意識はしていませんが、まさにそうですね。

相馬市の被災状況を視察する大澤学長（当時）。2011年5月2日

――そこが10年続いた大きなポイントでしょうか。

立谷　最初からシンクロしてしまったんです。

大澤　そういう感じでしたね。「我々のやれることは全部やる」と。ですから、土壌のグループもいましたし…。

立谷　まさに後藤逸男先生が来られたんです。その後藤先生が「いや、大丈夫です」と言うんです。「これだけ大変なのに、大丈夫って…」と戸惑うと、「私はドジョウ屋ですから」と続けるので、さらに面食らいました。ドジョウの養殖をやるのかと思ったら、「違います、土壌屋です」と。なにを言っているんだと思いました（笑）。

それで私は聞いたんです。松の木は取ればいいし、瓦礫も人海戦術で撤去すればいいでしょう。しかし、あの大量のヘドロはどうするのですか。塩分は、セシウムはと。

で、彼はその答を出すわけです。「ヘドロの害をなくすには転炉スラグを撒けばいい」「セシウムを稲に伝わらせないためにはカリウムを撒けばいい」「塩分は雨水が流してくれるから心配ない」と。不思議なもので、いろいろと話を聞いていると、我々にもできるって思い始めましたからね。

大澤　実は、彼は最初にあちこちの現場に行って土を掘っています。その結果、ヘドロはそれほど深く被っていないことを確認しているんですね。彼はちょうど土壌再生の研究に力を入れていて、こういう状況の土には、除塩助剤・酸性硫酸塩土壌対策として転炉スラグが一番いいと経験的にわかっていたと思います。それで「やれる」と確信を持ったと思いますね。

立谷　後藤先生にはこっちがその気になってしまうんです。説得力がありましたね。

とにかく荒廃した農地の復興に光が見えてきました。今度は行政が頑張らなければならない。新日鐵住金㈱（現・日本製鉄㈱）から転炉スラグをもらい、公益財団法人ヤマト福祉財団からは資金の援助を得て、大型トラクター等の農業機械を購入することもできました。それで私は、この際と思って、長年の懸案だった農業法人をつくりましょうと地元を説得して歩いたんですね。ねらいは小規模農地の集約化です。

ところがもうひとつの課題が残っていました。それはセシウムの被害に遇った中山間地の水田と畑です。その技術的な指導に当たってくれたのが門間先生でした。彼は玉野地区の農民に張り付いてくれましてね。農民は市長の言うことは聞かないけど、門間さんの言うことはよく聞く。信頼関係がまるで違うんです（笑）。住民は皆、神経質になっていましたからね。だから、門間さんの存在は大きかった。

大澤　大きかったですね。彼はチームリーダーということもありますが、現地に張り付いて、玉野地区では田畑１筆ごとにセシウム量を測っていました。

立谷　学生さんも来て、手伝ってくれましたね。

玉野地区の調査をする門間教授（当時）

大澤　私も「大学を挙げて支援する」と言っていましたが、現実に教員と学生がやって来て、口先だけでなく、実際に検査や作業をやってくれていることを、農家の人たちも見てくれていたんだなと思いますね。

「そうま復興米」でつかんだ手応え——深まった信頼関係

——トータルな支援を続ける中で、手応えをつかんだことは。

大澤　やはり、一番は「そうま復興米」です。これはパイロットで始めた実験事業です。稲の生育はどうか、とくにセシウムは検査基準をオーバーするのではないかと気がかりではありました。

　だから、課題すべてをクリアした美味しいお米になったときは、やっとこれでいけると安堵しましたね。カリウムをしっかりと入れれば、抑えきれるという後藤理論がうまく機能したことが大きかったと思います。

立谷　最初は1.7haの水田で試してみてうまくいったので、その次は50haへと次第に面積を拡大させました。私は、最初にできたコメに「ヘドロ鍬込み式転炉スラグ米」と名前をつけたんです。売れないと言われて「そうま復興米」に落ち着きましたが（笑）。

「そうま復興米」の稲刈りをする立谷市長と後藤教授（当時）

　それで、震災の翌年に、門間さんのアドバイスに基づいて、今度はイチゴの水耕栽培を始めました。イチゴのハウスも流されていて、高齢化した農業者たちが諦めかけていたとき、「農業法人にして高床式のイチゴ栽培をやればいい。これなら高齢者でもできる」というのです。それで復興庁の支援も得て、新しいハウスを２棟建てました。これも見事な成果を生み出し、継続的な事業となっています。

思い返せば、成功体験が基礎にあるんですね。成功体験のなかで、相馬市と東京農大、農家という3者の信頼関係がどんどん深まっていく。これが嬉しかったですね。

――さきほど大澤理事長から「5～6年はかかると思って支援に入った」とありました。立谷市長はいかがお考えでしたか。

立谷　これはもう、一生の付き合いですよ。そのあと相馬市と東京農大は「包括連携協定」を結びましたが、これも形式的に協定を結んだということではありません。復興そのものは終わったとしても、農家の人たちは農大によるいろいろな技術指導を継続的に受けていますし、その報告会も渋谷先生中心に毎年やってくれている。

私は農大に種を蒔いてもらったと思っているし、今後もその種の成長過程を見て指導してもらいたい。かつて、二宮尊徳一門が入ってきて相馬の農業を変えたわけです。それと同じことが今回の大震災をきっかけに、農大との間で起こったんだと思っています。

――農大にとって、プロジェクトで得た成果はどんなものでしょうか。

大澤　やはり一番大きいのは、地域社会に貢献できるということですね。農大はこれまでもさまざまな地域連携や地域プロジェクトをやってきました。しかし、そのほとんどが特定の教授と地域との関わりで、小規模な連携が多いんです。ですから、このプロジェクトのように、農地再生から農業振興まで大学全体で取り組むという例は少ないのです。そういう意味では、これは実学を尊重する農大の評価につながるものでしょうし、今、渋谷先生がやってくれていますが、この経験は後世代にも伝えていかないといけないことだと思います。

また、それは一方通行的なものではなく、学生にいろいろ理解してもらう意味で立谷市長さんには大学で講義していただいていますし、そのことはプロジェクトに直接関わりのない教職員や学生にもいい影響を与えていると思いますね。

未来へ歴史を繋ぐ後継者育成

――今後に向けて、農業を通じた地方創生や後継者育成についてどうお考えですか。

立谷　これは私の信念ですが、農業は国土保全のためにもまず維持することを考えなければいけません。基盤である農地を守れないと日本の国土は守れません。とくに水田農業は我々日本人の精神の基盤ですから、これをしっかり守っていかなければならない。

今後を考えるうえでは、相馬の農業を担う後継者をどう育成するかが課題です。ポイントは2つです。ひとつはプライドです。例えば、地域には大手企業の大工場がありますが、そこに勤めていても、オレはこの土地の後継者だと思う気持ちが地域を支えています。この精神性を大事にしていかなければいけない。

もうひとつは農業収入です。農業収入を維持するためには、変わらなければいけない部分もあります。もう補助金に頼る農業ではダメなんですね。「儲かる農業」にしていかないと、これからの時代に対応できません。

ただ、私たちにはそれだけの農業技術や農業経営の知恵が足りません。相馬の農業の将来を考えれば、引き続き農大のノウハウをお借りしたいと思っているんです。

――農大は少子化で「大学淘汰の時代」と言われるなか、今後の大学のあり方をどうお考えでしょうか。

大澤　確かに大学は今、大きく変わりつつあります。少子化ですから、同じような人材を大量に育てる時代ではないんです。我々としては、どこに根差し、どこに人材を送り出していくかをしっかり考えないといけない。農大は近年、「地域創成科学科」「地域リーダー育成入試」を創設しました。要は、新たな地域リーダーを育てることに大学を挙げて取り組んでいこうということです。

立谷市長さんが言われましたように、我々も基盤は地方の農地ですから、そこに人材を戻すことが基本です。しかし、農業そのものが縮小してきているなかでは、それだけではいけない。ならばどこを目指すかといえば、情報や環境、SDGs（持続可能な開発目標）などの分野にも積極的に関わっていく、そこに人材を送り出していくこともやっていかなくてはいけないと思っています。

――最後に、ここまで相馬市の農業復興をそれぞれの立場で牽引してこられたお二人のリーダーシップ像について伺います。

立谷　私は必要性に駆られて動き、降ってくる課題に一所懸命対応しているだけなんです。でも、リーダーにはぶれない姿勢と責任感は大事でしょうね。

大震災の際、混乱の中に様々な政治家等が相馬市に押し寄せましたが、私は職員に「どんな偉い政治家が来ても、その人の言うことを聞くのではなく、その人に協力してもらうのだ。そのことを忘れるな」と訓示しました。また、去年の台風15号の際に、千葉県内のある市長からアドバイスを求める電話があったのですが、私が伝えたのは、「あなたにアシスタントはいっぱいいる。いろいろな対応は彼らに任せてもいい。ただし、市長はたじろいではいけない」ということだけでした。

信念とまで言えるかどうかはわかりませんが、常に責任をとるのは自分だ、逃げるわけにはいかない、という気持ちでやっています。

大澤　立谷市長さんとお付き合いしてから、相馬市に対する思い、住民を第一に考えてまちづくりをしていく姿勢にはずいぶん教わりました。研究者は、ともすれば狭い領域の自分の仕事中心の「象牙の塔」に入りがちです。

しかし、我々はどれだけ人材育成の役に立てるかをあらためて考えなければならない。教員という存在は学生があって初めて教員なんです。ですから、社会の中で活躍できる人材にするため、学生をどうプロモーションするのか。そこに真剣に向き合っていけば、必ず持続的な農大も可能になると思っています。

（構成／国際バイオビジネス学科渋谷往男、進行／（株）ぎょうせい）

写真で見る　相馬市の被災状況と復興の足跡

被災直後の新沼地区（2011年３月11日16時10分ごろ）

東京農大チームが初めて相馬を訪れる（2011年５月）

農業法人・農業機械共同利用組合に対して農機具が無償貸与された（2012年６月）

「そうま復興米」の贈呈式に臨むデザイン発案者ら（2015年２月）

写真で見る 東京農大東日本支援プロジェクト

「そうま農大方式」で復旧した水田での収穫（2013年10月）

阿武隈山地に設置したツキノワグマの遺伝子試料採取用トラップの保守作業

放置林での調査

間伐後の森林の林冠　青空がみえる

放射性物質の濃度を測定するために採集した節足動物（左上：コバネイナゴ、右上：エンマコオロギ、下：ジョロウグモ）

リピーターも多い収穫祭での「そうま復興米」販売

7年ぶりに出荷される伊達の畑ワサビ（2018年3月）

地元高校生が「農学」を学ぶサマースクール（2019年８月）

2020年にオープンしたばかりの「浜の駅　松川浦」でマーケティング調査（2020年11月）

農業者による製粉機を用いたきな粉の試作作業（2020年８月）

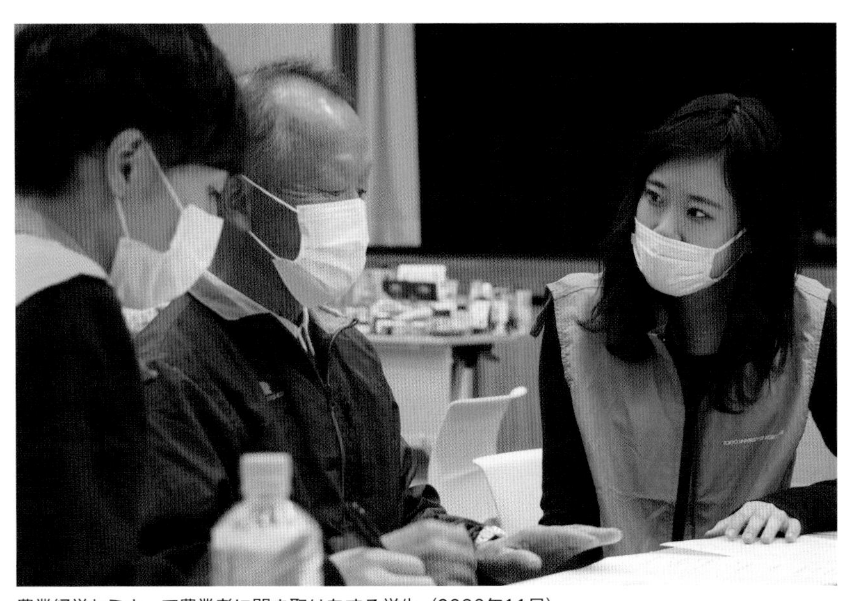

農業経営セミナーで農業者に聞き取りをする学生（2020年11月）

市長から新商品アイディアコンテストの最優秀賞を授与される（2020年１月）

たくさんの農業者が訪れる成果報告会（2020年１月）

相馬市長挨拶――発刊によせて

本書『東日本大震災からの農業復興支援モデル－東京農業大学10年の軌跡－』の発刊を心待ちにしておりました。

東京農業大学東日本支援プロジェクトの皆様におかれましては、2011年の発災以後、「そうま農大方式」を用いた津波被災農地の除塩による農地復旧、営農再開へ向けた経営体の調査、森林や農地の境界を含む生態系の継続的なモニタリング、深刻化する鳥獣害への対応といった相馬市の農業を取り巻く課題の解決に向け、ご協力をいただいております。さらに、本市の下水処理場で発生した汚泥の肥料化や、６次産業化を通じた農業経営の高度化など、震災からの復旧を経て、さらに先を見据えた研究を進めていただいています。また、農作業ボランティアや福島イノベーション・コースト構想の「復興知」事業を活用して、数多くの東京農業大学の学生に相馬市を訪れていただいていることは、多くの市民の力になっています。重ねて感謝を申し上げます。

東京農業大学東日本支援プロジェクトが御縁となって、2018年に相馬市は東京農業大学と包括連携協定を結びました。今後とも、復興へ向けて邁進してまいりますので、東京農業大学の英知の引き続きのご支援をよろしくお願い申し上げます。

2021年２月

相馬市長

立谷　秀清

学長挨拶——発刊にあたって

東京農業大学は、建学の精神である「人物を畑に還す」と、教育・研究の理念である「実学主義」に基づき、本学の学びを通して「生きる力」を育み、「農のこころ」をもって社会の発展に寄与する人材を輩出することを使命としています。

東京農大東日本支援プロジェクトは、2011年の発災直後に大澤貫寿学長（現在理事長）が被災地に足を運び、その現状をつぶさに目にし、全学を挙げてのプロジェクトとして立ち上げました。本プロジェクトは、土壌・森林・野生動物・生態系・農業工学・農業経営と様々な分野の専門家が集まって研究を進めて参りました。2019年からは、福島イノベーション・コースト構想の「復興知」事業の助成を得て、高校生をお招きしたオータムスクール、農業者を対象とした農業経営セミナーなど、活発な現地での活動を通じて、本学の「実学主義」「人物を畑に還す」「農業のことは農民に聞け」といったモットーをまさに体現するプロジェクトとして展開しています。

2018年には、相馬市およびJAふくしま未来との間に、東京農業大学は包括連携協定を結ばせていただいております。相馬市長をはじめ相馬の皆様の本プロジェクトに対するご理解とご支援に心よりお礼申し上げると共に、本プロジェクトに関わり、今後も活動に取り組む本学教員と学生の復興に対する熱い思いに、なお一層の大きな声援をお願いいたします。

2021年2月

東京農業大学

学長　髙野　克己

東日本大震災からの
農業復興支援モデル
－東京農業大学10年の軌跡－

〈目次〉

第 I 部

東京農業大学「東日本支援プロジェクト」10 年の歩み

第1章 プロジェクトフェーズⅠ：プロジェクトの発足と展開

門間敏幸（東京農業大学名誉教授）

1 はじめに－東京農業大学「東日本支援プロジェクト」の発足

世界の災害の歴史に残る2011年３月11日14時46分、のちに東日本大震災と呼ばれるようになる未曽有の大災害が何の前触れもなく突然発生し、東北地方の太平洋岸は大混乱に陥った。東日本大震災から一夜明けた東京農業大学では、教室、実験室などの地震被害の確認と被災学生の確認作業に全力を挙げて取り組み、災害適用地域の新入学生と在校生204人に対して学費の減免と生活費の補助など３億円を超える援助を実施した。

被災学生の救済に目処がついた頃、教員・学生の中から自然発生的に「被災地の支援を大学として行うべきではないか」「自分たちができることをしたい」という意見がわき上がった。特に学生からは被災地支援のボランティアに参加したいという声が、教員からは大学として被災地の農林水産業の復興支援の取り組みをすべきであるという声が上がった。そのため、大澤貫寿前学長（現：学校法人東京農業大学理事長）の主導で被災地の復興支援を実践するためのプロジェクト計画が迅速に進められ、「東京農業大学東日本支援プロジェクト」がスタートした。

復興活動の対象地としては、福島県相馬市を選定した。相馬市を選定したのは、以下の理由による。東日本大震災は、これまで日本人が経験してきた地震・津波災害に加えて、全く未知の災害である放射能汚染災害とそれを契機として誘発された風評被害が加わった未曾有の複合被害である。そのため、支援地域の選定にあたっては、①東日本大震災からの真の復興を実現するためには、地震・津波・放射能汚染・風評という

４つの問題に対する対応技術・方法の開発と普及が不可欠である。さらに、以上の理由に加えて、②被災地への立ち入りが禁止されていない、③作物等の作付け制限を実施していない、という２つの条件を追加した。

相馬市を選定すると同時に、立谷秀清相馬市長に震災復興に関する支援活動を相馬市で行いたいという申し出を行い、快諾を得た。そして相馬市において５月１日から４日にかけてプロジェクトの推進方法について福島県農業総合センター浜地域研究所、相馬市と打合せを行うとともに、大澤学長ほか、教員12名、研究員２名が参加して現地調査を行った。現地調査では、特に被害が甚大な地区を関係者の案内で視察した。

テレビ・新聞などで見聞きして各人が心の中である程度の災害の状況を思い描いていたが、実際の被災地の現状を目の当たりにして、あまりの津波被害のすさまじさに、「本当に復興ができるのか」「私たちにできることが果たしてあるのだろうか」「農家は営農再開するのだろうか」と全員が茫然と立ちすくんでしまったことは記憶に鮮明に残っている。

2 支援活動のスタートとフェーズⅠの成果

（1）学生ボランティア

現地での支援活動をスムーズに展開するとともに、被災農家の協力を獲得する上で、学生ボランティアの果たした役割は極めて大きい。プロジェクトでは、農業復興の支援に限定して学生ボランティアを募集し、農家の要請に応じて派遣した。農家から学生ボランティアの派遣要請があったのは、津波で被災したイチゴハウスの復旧、イチゴ生産再開のための栽培面での支援、津波で自宅と農業機械を失い作業ができなくなったナシ専業農家の摘果作業の支援などである。

これらのボランティア活動には留学生も参加し、厳しい農作業に汗を流し、迅速な復旧に大きな貢献を果たしてくれた。こうした学生ボランティアの活動は、地域の農家に広く知られることになり、東京農大の相馬復興支援プロジェクトが一過性の支援活動ではないということが広く相馬の農家に理解される契機となった。

(2) 農業経営復興支援チーム

2011年5月1日のプロジェクト発足以降の農業経営復興支援チーム(以下、農業経営チームと略記する)の支援活動の内容は、大きく次の3つに分けることができる。

①農業経営被害の把握と今後の営農再開意向と支援方策の解明

②被災後に新たに誕生した農業法人の経営支援

③放射能汚染地域の営農再開支援

1) 農業経営被害・今後の営農再開意向の把握と支援方策の解明

農業経営チームがまず取り組んだのが、津波による農業経営被害の実態把握と今後の営農再開意向の把握である。そのためにチームは、相馬市で津波被害を受けた農家27戸に対して津波被害発生前と発生後の営農意向の変化を調査した。その結果、現状維持志向農家が20戸から11戸に大きく減少、規模縮小が2戸から6戸へ増加、離農を志向する農家が0戸から3戸に増加した。また、津波による水田の被害と農業機械への被害が営農再開に及ぼす影響を分析した結果、農業機械への被害が営農再開意向の減退を招いていることが明らかになった。

そのため、甚大な津波被害を受けた農家の営農再開意向を、①津波による農地の被害の程度、②津波による農業機械の被害の程度、の大小の組み合わせに従って次の4パターンに整理した(**図Ⅰ-1-1**)。

第1パターン(営農再開意欲なし):津波による農地、農業機械への被害が甚大で自力では復旧が困難であり、国による水利施設などのインフラ・農地の復旧と農業機械の整備が不可欠である。

第2パターン(営農再開意欲が強い):津波による農地の被害が大きくても、農業機械が無事である場合は、水利施設などのインフラと農地の復旧が国によって行われれば、その後は自力で農業は復興できる。

	農業機械への被害：大	農業機械への被害：小
農地被害：大	**農業再開意欲なし** ・見通しつかない ・早急に復興を願う	**農業再開意欲強い** ・基盤整備・水利施設の整備 ・農産物買取補償
農地被害：小	**農業再開は条件次第**	**農業再開意欲強い** ・農産物買取補償 ・放射能汚染除去

図Ⅰ-1-1　営農再開意向の類型化

第3パターン（営農再開は条件次第）：津波による農地の被害は軽微でも、農業機械が津波によって破壊される等の被害を受けた農家は、農業機械を自力で整備することができず、国による農業機械に対する補助が不可欠となる。

第4パターン（営農再開意欲は強い）：津波による農地、農業機械への被害が小さい農家では、迅速な営農再開意欲を示す。

これらの調査結果は、農家にフィードバックするとともに、相馬市役所に対して農家が営農を早期に再開するためには農業機械の整備が不可欠であることを提言した。この提言を受けた相馬市の行動は迅速であった。すぐに公益法人ヤマト福祉財団の復興支援事業に「農地復旧復興（純国産大豆）プロジェクト」として応募し、2011年12月に3億円の助成が決定した。この決定を受けた相馬市は、震災後の相馬の農業を牽引するのは企業センスを有する農業法人であると想定し、農業法人を設立した組織に、同財団の助成を得て相馬市が購入した農業機械を無償で貸し出すことを決定し、被災農家に働きかけた。その結果、合同会社形態の飯豊ファーム、アグリフード飯渕、岩子ファームが結成され、大規模農業への挑戦の一歩を踏み出した。

2）新たに設立された農業法人の営農支援

相馬市は、震災復興の中核的な担い手として設立された農業法人の営農活動の支援を東京農大に依頼した。そのため、東京農大では、農業経営チームと土壌肥料チームが中心となって飯豊ファームの支援活動を展開した。

農業経営チームでは、法人設立後の営農活動の展開方向を解明するための地域の農家の意向調査、6次産業化・農商工連携に関わる先進地視察などの支援を実施した。土壌肥料チームは、飯豊ファームが主として取り組む大豆生産に関わる土壌分析、土壌改良法の指導を10haの大豆圃場で実施した。また、農業経営チームでは、今後、急速に農地が農業法人に集積されるとともに、規模拡大に伴って営農方式が大きく変化することを想定して、大規模農業法人のためのオーダーメイド型の農業経営発展計画の策定を支援するための線形計画モデルを開発した。これについては、第3節で飯豊ファームを事例に開発したモデルを紹介する。

3）放射能汚染からの復興のためのモニタリングシステムの開発

2012年度の新たな復興支援活動として、放射能汚染が深刻な相馬市玉野地区の復興の取り組みを開始した。この支援活動は農業経営チームが担当することになり、放射能汚染地域における安全な農業生産・農産物出荷のための実用的なモニタリングシステムの確立を目ざし、農地1筆単位ごとの空間線量、土壌線量、作土の深さ、土壌の特性等の基本データを収集解析して、除染対策の決定とその効果の評価が可能となるモニタリングシステムを開発し、玉野地区全体の646筆の水田、畑、牧草地、ハウスなどの基礎データを収集解析し、除染計画を策定した（**図Ⅰ-1-2参照**）。

（3）風評被害の実態と対策の解明

風評対策チームは、事故直後の2011年から3年間にわたって一般消費者を対象として福島県産農産物の購入に関する意識の変化を調査してきた。第1回の調査は福島県会津地方の農産物直売所の利用客216人を対象として2011年12月に、第2回の調査は2012年11月に東京の消費者229人を対象に、第3回は2013年10月に同じく東京の消費者108人、東京農業大学の学生270人を対象に、また、飯舘村で収穫された米を配

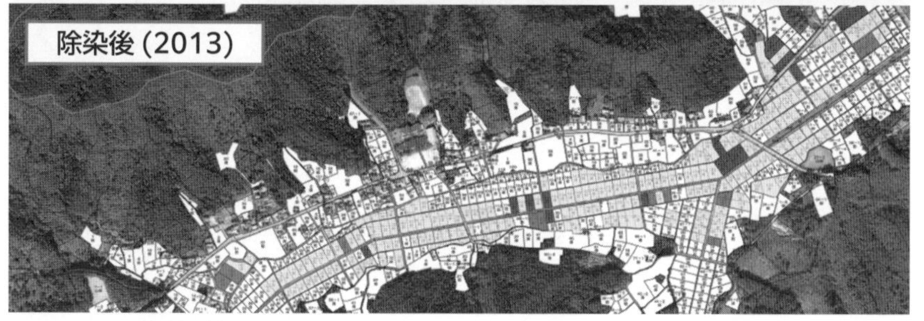

図Ⅰ-1-2　除染前後の西玉野地区の水田の土壌放射能汚染マップ

出所：農業経営チーム調査結果より作成
注：薄灰色は土壌放射性物質濃度が3,000Bq/kg以下、濃灰色は3,000Bq/kg ～ 4,999Bq/kg、黒色は5,000Bq/kg以上を示す。

布しながら442人の消費者を対象に実施した（以下、表Ⅰ-1-1参照）。

震災直後に近い時期において会津地方の農産物直売所で福島県民を対象にした調査では、事故当初、会津産の農産物の購入を控えた消費者は10％未満であったが、原発に近い中通りや浜通り産の農産物の購入を控えた消費者が45％も存在した。放射性セシウムの安全性に関しては暫定規制値として一般の食品・農産物では500Bq/kgが採用されていたが、当初からその値の妥当性が問題視されていた。そのため、会津の農産物直売所での調査では暫定規制値（500Bq/kg）、その後採用された基準値（100Bq/kg）、放射性物質検出器の検出限界以下のND（検出されない）という３つの基準の安全性意識の評価を試みた。

その結果、500Bq/kg以下、100Bq/kg以下が「安全かどうかわからない」という回答が40％前後となり、暫定規制値、基準値の数値の意

表Ⅰ-1-1 風評被害に関する消費者調査結果 （単位：%）

基準値等	回答項目	2011年調査
100Bq/kg以下の基準値	安全だと思う	32
	安全だと思わない	27
	わからない	38
	無回答	3
不検出(ND)	安全だと思う	53
	安全だと思わない	19
	わからない	26
	無回答	2
500Bq/kg以下の暫定規制値	安全だと思う	23
	安全だと思わない	36
	わからない	40
	無回答	2

基準値等	回答項目	2012年調査	2013年調査
100Bq/kg以下の基準値	とても安全	33	13
	やや安全	38	24
	どちらでもない	14	46
	やや不安	9	13
	とても不安	1	3
	無回答	5	1
不検出(ND)	とても安全	57	17
	やや安全	31	39
	どちらでもない	6	20
	やや不安	3	19
	とても不安	0	4
	無回答	3	1
米の全量全袋検査	とても安全	53	37
	やや安全	33	39
	どちらでもない	6	15
	やや不安	3	7
	とても不安	1	2
	無回答	4	0

注：左欄の数値は会津での、右欄の数値は東京での調査結果である。

味が理解されず、安全か否かを判断できないという回答が多かった。500Bq/kg以下を100Bq/kg以下に下げることに対する一定の評価は得られているが、それでも４分の１近くの人は「安全とは思わない」と回答しており、基準値を下げても消費者の不安は解消されないことがわかった。なお、NDになって初めて50%近くの人が安全であると評価するようになった。

2012年の調査では、福島県が実施した米の全量全袋検査、100Bq/kg以下、不検出（ND）の安全性について調査を実施した。その結果、「とても安全」は全量全袋検査で53%、不検出では57%、「やや安全」を含めると８割近くの人がその有効性を評価していたが、100Bq/kg以下では「とても安全」は33%と低下する。

2013年の調査結果を見ると、「とても安全」は全量全袋検査で37%、不検出では17%、100Bq/kg以下13%、「やや安全」を含めると全量全袋検査で76%、不検出では56%、100Bq/kg以下では37%と2012年度よりも低下している。その原因を探るために実施した調査では、事故原発の「汚染水漏れ」により不安が高まった人が33％、やや高まった人が38％おり、検査結果の信頼性に対する危惧が理由として存在した。

（4）土壌肥料チームによる支援活動

1）東京農大式除塩技術（そうま農大方式）の普及

土壌肥料チームでは、緊急対応として津波被害が比較的軽微な農地の除塩技術の確立による営農支援活動を展開した。具体的には、海水が進入し津波土砂が堆積した農地の土壌診断を実施し、その結果に基づく対策を被災農家に情報提供した。土壌調査の結果から、農地に堆積した津波土砂は塩分濃度が高いものの、土壌より保肥力が大きい、大量の交換性マグネシウム、カリウムを含む酸性硫酸塩土壌であるが、重金属、ヒ素などの有害物質は含まれていないことが確認された。

これらの土壌分析結果から、土壌肥料グループは、津波被害水田の復興シナリオを次のように設定して農家に情報提供を行った。①津波土砂を水田作土と混層する、②弾丸暗渠による透水性の改善、③混層作土のECが0.5mS/cm程度になれば、転炉スラグを200kg/10a施用、④用排水設備が復旧すれば、代かきによる除塩を行い水稲を作付けする。この農地復興方針が後に「そうま農大方式」として普及することになる。

さらに、放射能汚染が低レベルの農地では、津波土砂もしくは作土を反転あるいは混層してセシウムの濃度を軽減する、天然ゼオライト、転炉スラグの施用による土壌改良を行い作物への放射性物質の吸収を抑制する、という方法を提言した（**図Ⅰ-1-3参照**）。

2）甚大な津波被害水田での米の収穫に成功

また、津波被害を受けた水田の除塩を効果的に行うため、除塩助材・酸性硫酸塩土壌対策として転炉スラグを活用することが有効であることの実証を試みた。具体的には、甚大な津波被害を受けた相馬市岩子地区の水田1.7haで農家と共同で水稲を作付けし、平年作を上回る約10俵/10aの収量を実現した。また、収穫された米は福島県が実施する全袋

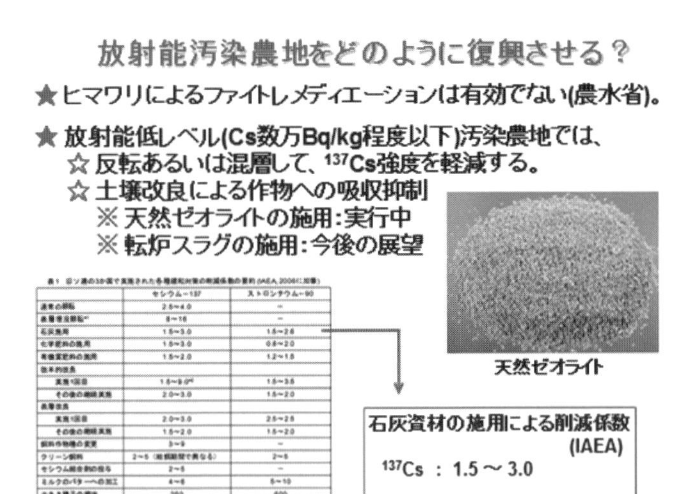

図Ⅰ-1-3 放射能汚染農地の復興方法

を対象とした放射性物質の検査にも合格するとともに、東京農大が保有するゲルマニウム型半導体検出器でも不検出であった。これらの米については、「そうま復興米」と命名し、JAそうま、相馬市役所と連携して復興のシンボルとして様々なイベントで販売し復興をPRした。

2013年度はそうま農大方式による津波被害水田の復興をさらに加速するため、新日鐵住金（株）から450トンの転炉スラグの支援を受けるとともに、東京農大も50トンの転炉スラグを購入し、50haの水田で復興を実現した。その後は、国の復興支援予算で転炉スラグが農家に提供されることになり、2014年度200ha、2015年度200haの津波被害水田の復興を実現した。

（5）森林再生チーム

森林再生チームでは、林地における放射性物質の蓄積の実態と、林木への放射性セシウムの移行に関する調査分析を行い、森林復元の方法を検討した。そのため、主として南相馬市の森林を対象として、空間線量の測定と分析のためのサンプル（サクラ、ナラ、スギ、ヒノキ、クワ、アスナロ）採取を行った。また、スギとポプラを対象に、様々な金属イオン（K^{+}（カリウムイオン）、Cs^{+}（安定同位体セシウムイオン）、Ba^{2+}（バリウムイオン））による放射性セシウム吸収阻害に関する実験を実施した。

また、森林再生チームは、樹木の葉、樹皮、根などからどのようにして放射性物質が木材内部に進入して木材を汚染するかを解明した。具体的には、スギやヒノキなどを約30本伐採して、木材を輪切りにし、年輪ごとの放射性物質の蓄積状況を時間を追って解析した。その結果、外樹皮で最も放射性セシウムの蓄積量が高いが、材の内部にも放射性セシウムは進入していることを解明した。

（6）現地報告会の開催

東日本支援プロジェクトでは、プロジェクトの計画段階から現地での活動成果の報告会を開催することを重視していた。その理由は、以下のとおりである。①常に研究成果を農家・関係機関にフィードバックして普及するとともに、新たな課題を発見する、②農家との信頼関係を高め、研究成果の普及を加速化する、③新たな復興支援ニーズを把握する。

また、現地での復興支援活動を展開する中で、かなり多くの農家から「これまでたくさんの研究者が来て調査を実施したが、そのほとんどは調査結果を我々に返してくれない。我々は、単なる研究材料なのか？」といった不満の声を聞いた。こうした農家の声を耳にするにつれて、研究成果を農家にフィードバックすることの重要性をプロジェクト参加メンバーは痛感し、毎年報告会を開催することとした。

相馬市での復興支援活動開始から半年が経過した2011年11月28日、相馬市において第1回の「東京農大・相馬復興支援プロジェクト報告会」を開催した。支援活動を開始して半年という短期間での報告会にどれだけの被災農家の方々、地域の関係機関の方々が集まってくれるのか、大きな不安があったが、私たちの支援活動の真価が問われる試金石でもあった。

しかし、当日は会場に入り切れないくらい多くの方々（300名前後が参加）が集まり、私たちの報告に熱心に聞き入るとともに、時間が足りないくらい熱心な意見交換の場となった。また、その後も毎年、現地報告会を開催し、多くの農家が参加し、我々の支援活動を支えてくれている。

3 オーダーメイド型農業経営分析システムの開発による被災地域で誕生した新たな農業経営の発展を支援

（1）被災地域で誕生した新たな農業経営の発展を支援する必要性

東日本大震災の甚大な津波被害を受けた地域では、農業生産基盤は回復しても農業機械を失ったために、農業から離脱する中小規模農家が続出する等、地域農業は崩壊の危機に瀕した。こうした危機的な状況を克服するため、地域の担い手農家は、復興を担う新たな農業経営体（農業法人）を立ち上げた。こうして立ち上がった新たな担い手経営では、離農する農家の農地を集約して100haに近い大規模経営を実現しつつある。

しかし、急激に大規模化した経営体では次のような様々な経営課題を抱えており、これらの課題解決が緊急課題となっている。

①大規模経営を合理的に運営するための経営管理のノウハウがない、②新たに雇用した従業員の技術能力の向上と定着促進、③圃場区画や農業機械の大型化に対応した水稲、麦、大豆の栽培技術の革新、④労働力の有効活用と年間を通した収入確保のための野菜、園芸作の導入、⑤生産物の独自かつ多様な販売先の確保による収益の確保・安定化と価格変動リスク軽減、⑥６次産業化、地域の維持発展に貢献できる新たなビジネスの開拓、⑦経営理念の構築と従業員への徹底

これらの課題解決の重要性については、プロジェクトのフェーズⅠで

も十分に認識していたが、あまりにも多くの緊急課題が山積し、十分に対応することができなかった。現在、フェーズⅡで様々な支援が試みられており、その成果が徐々に表れてきている。

フェーズⅠでは、新たに誕生した大規模農業法人の経営展開を支えるために、担い手経営が現在抱えている経営問題の発見と解決、今後の経営展開の方向や経営戦略策定に関わる支援を行うために「オーダーメイド型農業経営分析システム」を開発した。本節では、震災後に相馬市で誕生した大規模農業法人飯豊ファームを対象としたモデルの構造と機能、活用例について紹介する。

（2）オーダーメイド型農業経営分析システムについて

1）オーダーメイド型農業経営分析の意義と方法

オーダーメイド型農業経営分析とは、「農家１戸１戸の経営を解析して、個々の農家の問題点の発掘、問題解決のための最適な処方箋の提供を目指す経営分析の方法」と定義することができる。具体的には、オーダーメイド型農業経営分析は、農家１戸１戸の経営状態を解析して、当該経営に最も適した農業経営管理、技術選択、事業部門の導入、投資計画、雇用計画、販売管理などの実現を目指す分析である。なお、当該分析システムでは、経営分析モデルとして線計計画モデルの利用を前提としている（**図Ⅰ-1-4**）。

2）大規模水田作経営を対象とした実用的な線形計画モデル開発のポイント

大規模水田作経営の安定的かつ戦略的な経営展開の分析が可能となるような分析モデルを開発するためには、以下のような経営条件を現実に即して再現できる線形計画モデルを開発することが重要である。

＜多様な圃場条件、労働力利用の考慮＞

大規模水田作経営では、多くの農家から様々な条件の農地を借地して経営するのが一般的である。これらの農地は様々な区画形状をしているとともに、土地の生産力や農場からの距離も大きく異なり、圃場のまと

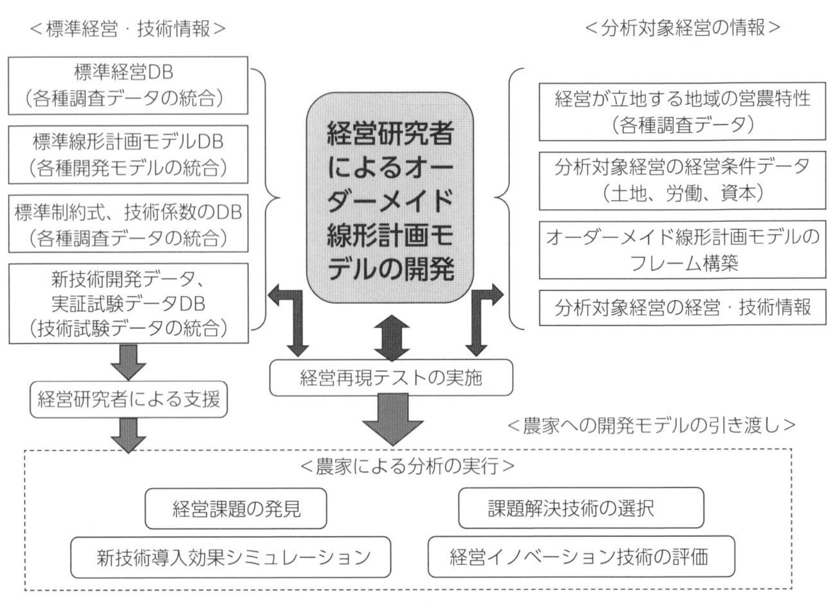

図Ⅰ-1-4 オーダーメイド型農業経営分析システム

まりもバラバラである。そのため、分析モデルの開発にあたっては、①圃場区画の大小/圃場分散の程度、②圃場ごとの地力、乾湿などの土地条件、③圃場ごとの作付け制限、ブロックローテーションの実施等、についての特徴を考慮することが重要である。また、次のような多様な労働力の利用の実態にも十分に配慮する必要がある。④機械のオペレータと補助労働の区分、⑤熟練労働と非熟練労働の区分、⑥農繁期と農閑期の労働時間設定、⑦雇用労働のタイプと導入時期、⑧労働者別の作物の固定もしくは作業(機械作業)の固定。

<多様な作物生産方式の表現>

現実の農業経営体の作物生産においては、水稲、大豆、小麦を単純に組み合わせて生産しているわけではない。水稲でも作期ごとに生産する品種は異なるし、直播、移植などの栽培方法を組み合わせている。さらに、圃場の条件に従って生産する品種や栽培方法を変える場合もある。

大規模経営では、これらの作物ごとの生産方法の組み合わせ如何で、経営できる面積、生産量、機械や労働力の利用効率が大きく異なる。オーダーメイドモデルでは、現実の経営の取り組みに合わせて多様な生産方式の妥当性、最適な組み合わせを評価することが重要である。

＜現実再現テストの重要性＞

これまでの線形計画モデルを用いた経営分析では、経営の望ましい姿を示す規範分析が中心であったため、現実再現性に関するテストはあまり重要視されなかった。しかし、オーダーメイドモデルとして線形計画モデルを実際の農家の経営改善に活用する場合は、開発したモデルがどれだけ分析対象とする現実の経営を再現できるかが重要な課題となる。そのため、現実再現テストが必要となる。現実の経営を再現できるモデルが開発されてこそ、その後の経営問題発見のための経営分析、将来の経営の展開方向を解明するための経営分析が意味を持つ。

（3）オーダーメイド型農業経営分析モデルの実践例

1）震災後に誕生した相馬市飯豊ファームの経営概況

オーダーメイド分析の対象に選定した経営体は、震災後に誕生した相馬市の飯豊ファームである。飯豊ファームの経営展開については、第Ⅱ部第１章で詳しく説明されるが、事例分析のトレースのために、ここでも簡単に説明しておく。飯豊ファームは、東日本大震災で甚大な津波被害を受けた相馬市飯豊地区の４戸の水田作専業農家による法人組織（合同会社）として2012年に誕生した。飯豊ファームに参加した農家はいずれも専業水田作農家であり、法人における役割分担と経営規模は以下のとおりである。

・Ａ氏－代表17ha、Ｂ氏－副代表17ha、Ｃ氏－会計責任者19ha

・Ｄ氏－渉外担当責任者８ha

Ａ氏とＢ氏は、それぞれ1.5ha、４haの水田をファームに提供した。組織を結成した2012年には地域の津波被災農家の水田11haを借地して転作大豆の生産に取り組んだ。10aあたりの借地条件は、借地料金13,000円、それに団地加算金7,000円と畦畔等の草刈りを所有者に委託するための料金10,000円を加えて合計30,000円を農地所有者に支払うという、所有者にかなり有利な条件を提示した。2012年度は津波被災水田の復旧が遅れたため、大豆の播種時期が大幅に遅れるとともに塩害等もあり、大豆の収量は50kgと低かった。

その後、2015年度、2016年度と大豆の借地面積はそれぞれ47ha、57haと大きく拡大した。さらに、借地での水稲5.5ha、ブロッコリー1.2haを生産するとともに、個人でも水稲21ha、小麦1.3haを生産している。

2）飯豊ファームの経営改善方向

飯豊ファームを対象にした分析を実施するにあたっては、経営者の方々との話し合いの中で次のように検討課題を整理した。

①現在は、転作大豆を中心とした作物構成を採用しているが、将来的には水稲の生産を拡大しなければならない。大豆を中心としながら、水稲生産の拡大は可能か、また、大豆よりも水稲生産の有利性は高いのか。

②現在、通年雇用の従業員を３名雇用しているが、大豆、麦、水稲生産だけでは農閑期である冬場の労働力の有効利用が実現できていない。ブロッコリーなどの野菜を導入して労働力の利用効率を高めようとしているが、その効果はどうか。また、どこまでブロッコリーの生産を拡大できるか。

③ブロッコリー以外の土地利用型野菜を導入した経営の複合化に取り組む有利性はあるか。収益面、労働利用面から検討してほしい。

④将来、地域内外の多くの農地が集まり経営規模は大きく拡大することが予想されるが、経営規模が大きくなった場合の望ましい作物の組み合わせが分からない。経営規模別の望ましい作物の組み合わせを検討してもらいたい。

3）オーダーメイドモデルの開発と現実再現テスト

<飯豊ファームモデルの構造の特徴>

飯豊ファームの分析モデルは、現実の経営の取り組み実態を良好に表現できるように、土地、労働、機械などの利用に関する制約式は全部で105本設定した。その内訳は、土地利用に関する制約式８本、機械の利用に関する制約式15本、労働利用に関する制約式82本である。

特に労働制約に関しては、農繁期は３日単位に、農閑期は旬別で制約式を設定した。なお、経営者３人と従業員３人は、いずれも機械の操作ができるため、オペレータと補助労働の区分はしていない。農地については全ての農地に60a区画で基盤整備がされており、地力の差も少なく、地域内にまとまっているため、土地条件の違いを表現する特定の生産プロセスは設定していない。

設定した生産プロセスは、以下のとおりである。①移植水稲（田植時期を３日ないしは４日間隔で実施する10のプロセスを設定)、②疎植・移植水稲（苗数を減らして資材コスト、労働コストの削減を目指すため、４区分の田植え時期を設定して４つの生産プロセスを設定)、③乾田直播（農研機構・東北農研が開発した乾田直播を採用。４月上旬・中旬・下旬の３つのプロセスを設定)、④標播大豆（標準的な作業適期に３日から４日間隔で播種する14の生産プロセスを設定)、⑤晩播大豆（作業時期を遅らせて３日から４日間隔で播種する５つの生産プロセスを設定)、⑥枝豆（比較的早い品種を採用する３つのプロセスと晩生の品種を採用する３つの生産プロセスを設定)、⑦ブロッコリー（播種時期が異なる４つの生産プロセスを設定)、⑧小麦（播種時期を３日ないし４日間隔で実施する８つのプロセスを設定)、⑨小麦－大豆の２毛作（小麦収穫後の大豆の作付け時期を３区分した３つのプロセスを設定)。

<経営再現のシミュレーション>

飯豊ファームの現在の経営状況を開発したモデルで再現してみた。現在の飯豊ファームの経営耕地面積は、おおよそ100haであり、転作大豆を中心に、水稲、小麦、ブロッコリーを組み合わせた経営を展開している。経営再現シミュレーションでは、できる限り不等式制約を用いて経営を再現することを試み、現実の経営の合理性、問題点を把握するように努めた。その結果、以下の最適解が得られた（**表Ⅰ-1-2の現状規模参照**）。

水稲生産（疎植水稲1.7ha、乾田直播水稲15ha）、単作大豆生産（67ha）、単作小麦生産（12.5ha）、小麦－大豆輪作３ha、枝豆10a、ブロッコリー70a、農場所得：2,894万円（農業専従者１人当たり所得413万円）、年間労働利用率13.2％（日曜、祝日+年末年始を除くと16.2%）。

以上の分析結果から、飯豊ファームが抱える最大の問題点は、経営規模が大きい割に所得が上がらず、労働の利用効率が極めて低い点にあることが分かった。その問題を解決するためには、現行規模で土地利用型野菜を導入して所得と労働の利用効率を高める方向、さらなる規模拡大によって経営改善を実現する方向の２つを検討することが重要であることが現実再現テストから明らかになった。

４）経営改善評価のためのシミュレーション

＜シミュレーションの方法＞

飯豊ファームの経営改善の方向を明らかにするために実施したシミュレーションは、以下のとおりである。

①現状規模で枝豆の生産を拡大する方向、②現状規模でブロッコリーの生産規模を拡大する方向、③現状規模で枝豆とブロッコリーの生産を拡大する方向、④現状規模で多様な野菜を導入する方向

経営規模を拡大した場合－現状の大豆・小麦・水稲を中心として、地域の農地をさらに集約して経営規模を150ha、200haに拡大した場合について、上記の①～④のケースについて評価する。

＜シミュレーション結果と考察＞

現状の100ha規模で、これまで生産していた枝豆やブロッコリーの作付け規模を拡大しても、収穫時の労働力が大きな制約要因となり、生

産面積を大きく増やすことはできない。農場所得は300万円前後増加するが、大きな所得向上は望めないことがわかる。この問題を克服するためには、収穫時のパート労働の導入が必要になる。一方、経営者、従業員労働の利用効率を見ると、現状の16％から30％前後まで増加するが、顕著な改善とは言えない。すなわち、現在生産している枝豆やブロッコリーの生産拡大には、それほど大きな経営改善効果は認められないことがわかる。

そのため、枝豆、ブロッコリー以外に、カボチャや育苗後のハウス、あるいは簡易ハウスを利用したニラ、ミニトマト等の多様な野菜を導入した場合の経営改善効果を評価した。その結果、農場所得は4,000万円前後、年間の労働利用効率は62％前後と大きく高まることがわかる。

なお、時期別の労働利用効率を評価した結果、穀物中心の場合、労働力は１月上旬～５月上旬、８月上旬～９月上旬、10月中旬～11月上旬に大きく遊休化する。こうした遊休化した労働力を有効利用するために多様な野菜を導入すると、労働力が遊休化する時期は10月中旬～11月上旬のみとなり、労働力の効率的な利用が実現できる。また、労働のピークは、大豆・麦・水稲を中心とした経営の場合は７月上・中旬の麦収穫と大豆播種、水稲収穫時期の９月中・下旬、大豆収穫時期の11月中・下旬に労働ピークが現れる。一方、野菜を導入した場合は、１月下旬、６月中旬～９月下旬、11月中旬～12月中旬に労働のピークが現れる。

＜規模拡大による経営改善方向の評価＞

今後は、津波を受けた農地の復旧が進むとともに、農業機械を喪失した農家の多くは農業生産から離脱し、飯豊ファームに多くの農地が集積されることが予想される。これまでは転作地だけを引き受けて大豆生産を中心とした経営を展開したが、さらに経営規模を拡大した場合にどのような経営を展開するのが望ましいかを評価した。

まず150ha規模の経営が実現した場合は、水稲、単作大豆、枝豆、ブロッコリーの生産は100ha規模と同じ水準を維持して、労働投入量が

表Ⅰ-1-2 飯豊ファームの経営展開に関するシミュレーション結果

	現状規模（100ha）大豆・麦中心	現状規模＋枝豆導入	現状規模＋ブロッコリー拡大
農業所得（万円）	2,894	3,135	3,220
経営耕地面積	100	100	100
移植水稲・疎植（天のつぶ）5月上旬田植え	1.70	1.70	1.70
乾田直播水稲（もえみのり）4月上旬播種	13.12	13.12	13.12
乾田直播水稲（もえみのり）4月中旬播種	1.89	1.89	1.89
標播大豆（タチナガハ）5月19～21日播種	25.60	25.60	25.60
標播大豆（タチナガハ）5月22～24日播種	20.22	20.22	17.76
標播大豆（タチナガハ）5月25～27日播種			
標播大豆（タチナガハ）5月28～31日播種			
標播大豆（タチナガハ）6月1～3日播種	21.18		23.65
標播大豆（タチナガハ）6月4～6日播種		21.18	
標播大豆（タチナガハ）6月7～9日播種			
標播大豆（タチナガハ）6月10～12日播種			
標播大豆（タチナガハ）6月13～15日播種			
標播大豆（タチナガハ）6月16～18日播種			
標播大豆（タチナガハ）6月19～21日播種			
標播大豆（タチナガハ）6月22～24日播種			
エダマメ（湯上り娘）4月下旬播種・7月下旬収穫		1.24	
エダマメ（湯上り娘）5月上旬播種・8月上旬収穫	0.10	0.42	
エダマメ（湯上り娘）5月中旬播種・8月中旬収穫		0.81	
エダマメ（庄内茶豆5号）5月中旬播種・9月上旬収穫			
エダマメ（庄内茶豆5号）5月下旬播種・9月上旬収穫		0.08	
エダマメ（庄内茶豆5号）6月上旬播種・9月中旬収穫		0.34	
ブロッコリー・9月10－12日定植	0.70	0.70	0.83
ブロッコリー・9月16－18日定植			2.31
ブロッコリー・9月19－21日定植			1.80
カボチャ・6月4－6日定植（トンネル栽培）			
カボチャ・6月7－9日定植（トンネル栽培）			
ニラ			
ミニトマト			
小麦（キヌアズマ）10月16～18日播種	12.50	9.72	8.26
小麦（キヌアズマ）10月19～21日播種			
小麦（キヌアズマ）10月22～24日播種			
小麦（キヌアズマ）10月25～27日播種			
小麦（キヌアズマ）10月28～31日播種			
小麦（キヌアズマ）11月1～3日播種			
小麦（キヌアズマ）11月4～6日播種			
小麦（キヌアズマ）11月7～9日播種			
小麦－大豆・輪作タイプA	3.00	3.00	3.00
小麦－大豆・輪作タイプB			

（単位：万円、ha）

現状規模＋枝豆＋ブロッコリー拡大	現状規模＋多様な野菜の導入可能性評価	規模拡大（150ha）大豆・麦中心	150ha 規模での多様な野菜の導入可能性評価	規模拡大（200ha）大豆・麦中心	200ha 規模での多様な野菜の導入可能性評価	規模拡大限界（大豆・麦中心の分析）	規模拡大限界と多様な野菜の導入可能性評価
3,234	3,910	4,551	5,564	6,209	7,189	9,786	10,105
100	100	150	150	200	200	319	318
1.70	1.70	1.70	1.70	1.70	1.70	12.45	10.70
13.12	13.12	13.12	13.12	13.12	13.12	13.12	13.12
1.89	1.89	1.89	1.89	1.89	1.89	11.80	11.80
25.60	6.37	25.60	3.36	15.78			0.44
19.72	14.25	20.22	15.36	30.04	18.16		
	11.25		12.36				
	5.06		6.78		19.98		
		21.18		21.18			
	3.03		5.71		6.29	19.89	16.83
						4.97	8.81
21.69	18.12		19.90		20.13	28.15	28.73
	3.78		0.52			8.01	5.31
						5.96	2.25
	2.77		0.61			7.06	7.66
						31.27	24.32
0.96	0.69	0.10	0.54	0.10	0.86		
0.69	0.69		0.86		0.67		1.60
0.80	0.62		0.63		0.43	0.10	0.22
					0.10		0.51
	0.05				0.01		0.25
0.42	0.31		0.37		0.38		0.13
1.16	0.83	0.70	0.95	0.70	0.99		
0.85	1.13		0.96		0.97	0.70	0.70
	1.19		1.27		1.24		
	0.19		0.26		0.76		0.37
					0.52		
	0.34		0.34		0.34		
	0.18		0.17		0.08		
8.43	9.45	28.97	26.84	28.97	27.85	28.97	28.97
		14.48	12.33	14.48	13.37	14.48	14.48
		19.05		25.71		23.60	25.71
			14.62	14.85	22.70	23.06	25.71
			5.59		17.89	22.95	22.71
					5.73	6.42	11.23
				2.77	20.89	23.36	23.33
						29.12	29.33
3.00	3.00	3.00	3.00		3.00	0.24	
				3.00		2.76	3.00

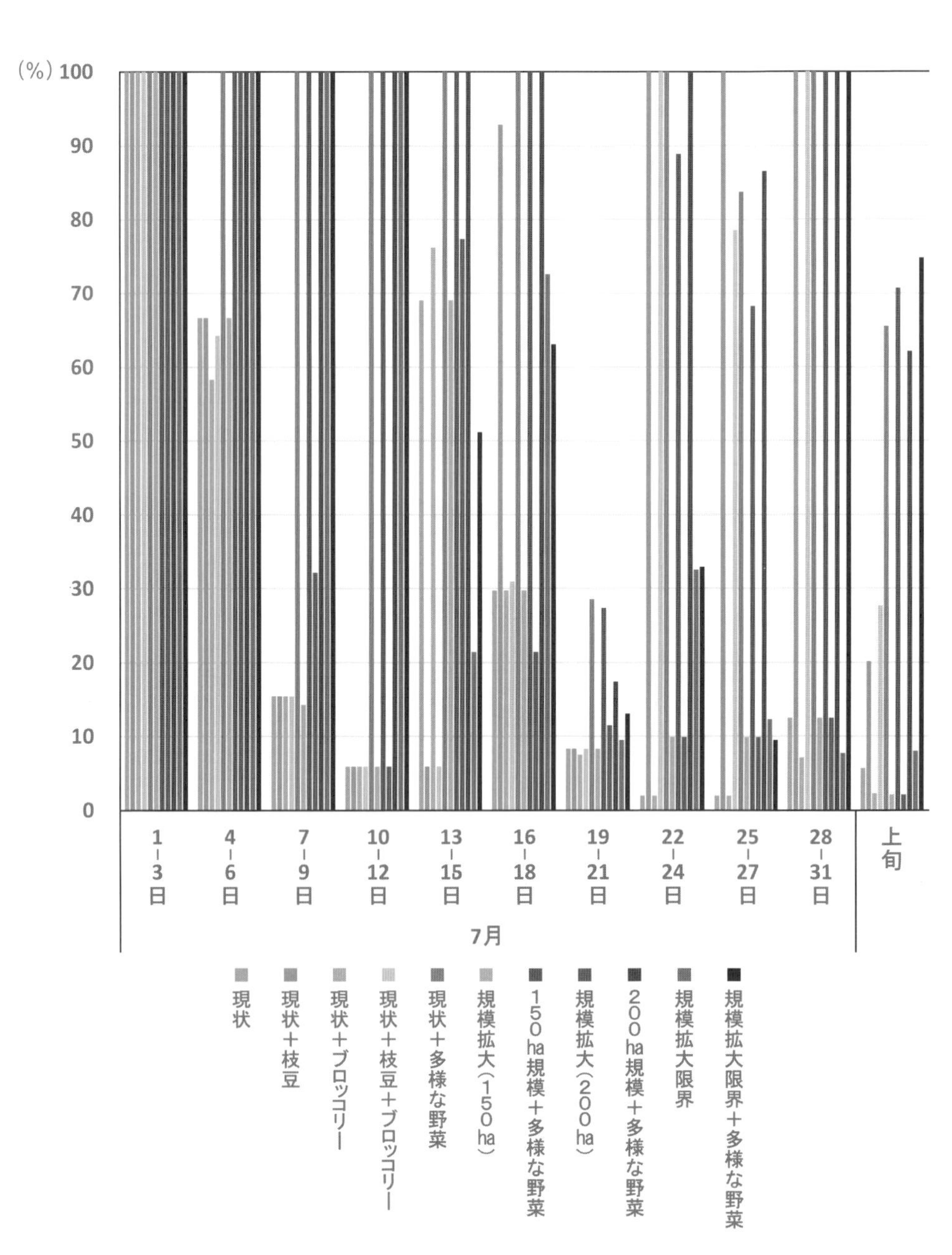

図Ⅰ-1-5　営農計画別・時期別（7月～9月）の労働利用率

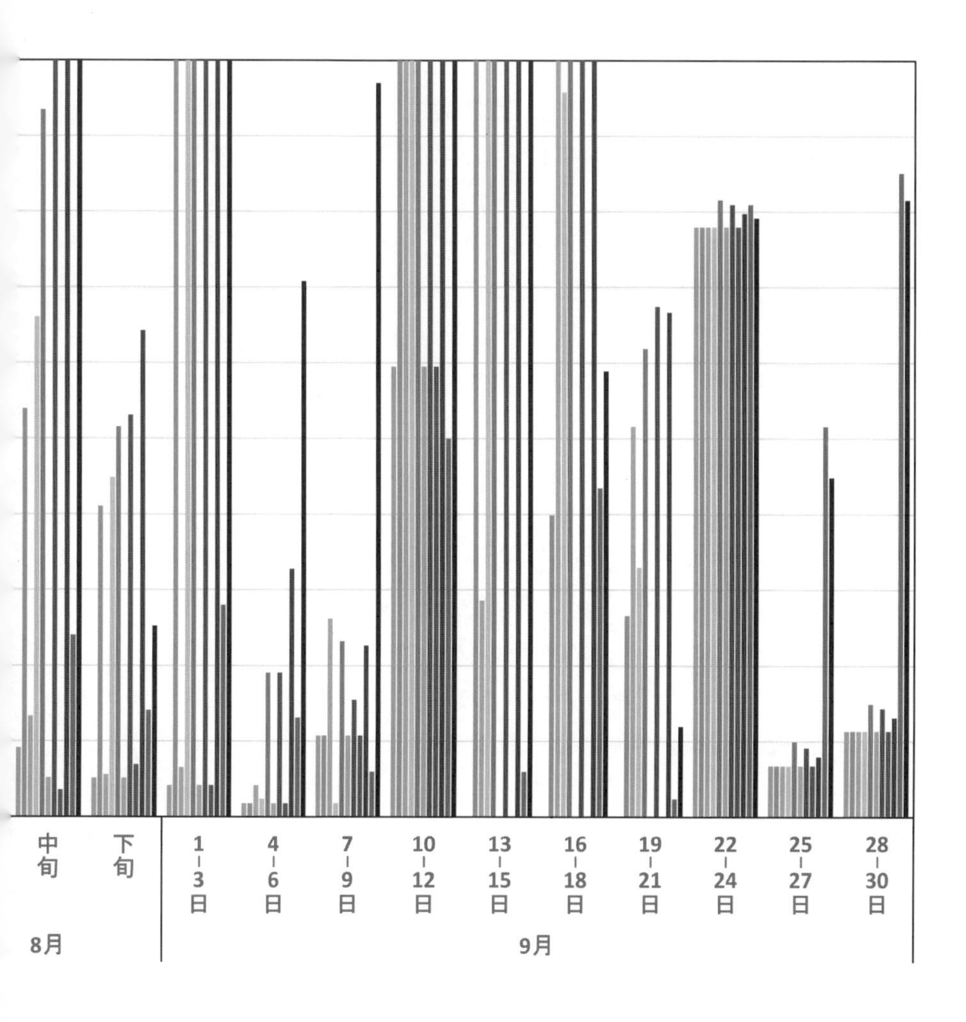
中
旬
下
旬
1
3
日
4
6
日
7
9
日
10
12
日
13
15
日
16
18
日
19
21
日
22
24
日
25
27
日
28
30
日
8月
9月

少ない単作小麦を62.5haに大幅拡大することにより、農場所得は4,551万円（１人当たり650万円）に大きく増加するが、年間労働利用率は19.5％（現状16.2％）とそれほど大きく改善されない。単作小麦を59haに減らし、枝豆、ブロッコリー、カボチャ、ニラ、ミニトマト等の多様な野菜を導入すると、農場所得は5,564万円（１人当たり795万円）となり、年間労働利用率は52.7％に改善できる。

200ha規模の経営が実現した場合は、大豆67ha、小麦87haを中心作物とした経営展開が有利となる。農場所得は6,209万円（１人当たり887万円）となる。枝豆、ブロッコリー以外にカボチャ、ニラ、ミニトマト等の多様な野菜を導入すると、小麦の作付面積は108haとさらに増加し、大豆が46haに減少して農場所得7,189万円（１人当たり1,027万円）、年間労働利用率55.6％となる。このように、経営規模を拡大する場合は、現状の労働力の利用を前提として雇用労働を導入しない場合は、投入労働量が少ない麦作が有利になることを示している。

さらに、当該経営の現状の労働力での規模拡大限界を評価した。その結果、320haが規模限界になることがわかった。当該規模での合理的な作物の組み合わせは、普通作物を中心とした経営では、水稲37ha、大豆105ha、小麦172haとなり、農場所得は9,786万円（１人当たり1,398万円）、年間労働利用率は38.1％となる。また、多様な野菜導入の有利性はなくなり、わずかに枝豆、ブロッコリーなどの土地利用型野菜の導入だけが有利性をもつ。その時の農場所得は10,105万円と１億円を上回り、１人当たり所得は1,443万円と大幅に向上する。年間労働利用率は47.6％となる。

4 津波被災地域における担い手経営の支援方向

想像を絶する津波被害と放射能汚染という大混乱の中で、大学の復興支援活動では、調査結果や技術開発の成果を常に農家、関係機関にフィードバックすることが大切である。相馬市との連携で特筆できるのは、相馬市と東京農業大学が連携してヤマト福祉財団の震災復興支援金を獲得して津波で失われた農業機械の整備を行い、法人を設立した担い手組織に貸し出すという取り組みを実施したことである。これによって相馬市内で3つの農業法人が結成され、相馬農業復興の担い手として活躍し、その後の法人設立につなげている。

大災害発生地域の農林業等の復興では、自助である農家自身、公助である市町村・都道府県・国、そして大学や企業の連携が重要である。特に農林業などの産業の復興、住民の生活復興の場面では、自助・公助を中心としながらそれに共助が効果的に関わることが、災害後の創造的な地域復興ではきわめて重要である。

最後になったが、津波被災地域で誕生した大規模農業法人などの経営では、いずれも急激な規模拡大、全く未知の最先端の施設や技術を採算ベースで実践するという困難な課題に直面した。すなわち、経営面では大規模経営を合理的に運営するための経営管理・労働管理のノウハウの蓄積、新たな技術の習得と従業員の訓練、農業から離脱した人々の雇用確保に貢献できる新たな経営の展開といった課題が出現した。こうした経営体の経営展開方向を探索できる新たな手法として、オーダーメイド型農業経営分析システムは有効であり、経営者の方々と論議を重ねながら、将来の経営の姿を描く参加型ツールとして活用することができるであろう。

付記

なお、本章の取りまとめに当たっては、東京農業大学・相馬市編『東日本大震災からの真の農業復興への挑戦－東京農業大学と相馬市の連携』（ぎょうせい、2014.3）、門間敏幸編著『自助・共助・公助連携による大災害からの復興』（農林統計協会、2017.3）をベースとした。詳細については、原著を参照されたい。

Interview

そうま復興米という大きな一歩

相馬市産業部長　伊東充幸

東京農大との関係は、震災から３年経過した平成27年に農林水産課長に就任してからです。当時はまだ相馬市内の津波被災農地が30％程度しか復旧しておらず、営農者の意欲もまだ高くない状態でした。

その中でも、農業法人に農地を集積するという趣旨で、８法人が立ち上がりました。そこで地域勉強会という形で、法人を中心とした地域の農家に集まっていただき、この地域の農業をどうしていきたいですかということを聞いて歩きました。地域の農業を継続させなくてはいけないという共通の目標がありますから、そのためには行政と地域営農者が協力し合わないといけないということに気づいて頂いた。

法人のなかには、思い描いたところに着地できつつあるところもあると思います。一方で、農業法人だけに頼るやり方が正しいのかということについては葛藤があります。法人だから個別の面積より大きい規模をこなせるのですが、法人でなくなってしまったらこなせない部分は耕作放棄地となってしまう。

今後、高齢化が進むと自己保全管理もままならないような農地が出てきます。そうした農地が法人のキャパシティを越えてしまうと個人営農者は倒れるまでやるしかない。そこをどう解消したら良いか、ということが課題です。

津波で泥をかぶった農地をそうま農大方式で復旧していただきました。その農地で取れた米を多くの方に味わって頂きたい、ということで収穫祭の「そうま復興米」の販売が始まりました。私は、東京方面には福島県産に対する風評がすごく大きいものだという印象をもって収穫祭に参加いたしました。もちろん様々な調査では一定数福島県産に不安をお持ちの方もいまだおられますが、実際、復興米を販売した際にお客様に福島県産に対する印象をお伺いすると、前向きな声が多く自分が想像していたよりも風評は非常に小さく、杞憂だったことを思い返します。当然イベントにいらっしゃってその相馬の米だと知りつつ買っていただける方っていうのはいわゆる応援組ですし、東京農大が関わっている米だから買ってくれているんだと思います。相馬市としては相馬以外の場所で米を販売するというような機会というのはこれまでチャンネルとして持っていませんでしたので、東京農大の収穫祭で販売が出来たことは非常に大きな一歩でした。

農大との連携のなかでは、一つには農大の学生さんにより多く相馬市に訪れて頂いて、相馬っていうのはどういうところなんだっていうことを学生さんのなかで理解とか体験とかが進むとありがたいなと思っています。あとは相馬でのいろいろな研究成果を、例えば次の災害とか大災害に参考になるような事例として活用できるように、研究を今後もまた深めていただければありがたいと思っています。

東京農大「食と農の博物館」で行われたトークショー（2017年11月）

第2章 プロジェクトフェーズⅡ：プロジェクトの継続と拡大

渋谷往男（国際バイオビジネス学科）

1 プロジェクトを取り巻く環境の変化

大学の修学年限は４年であり、カリキュラム改定など大学運営の主要なサイクルも４年を基本としている。偶然の一致であるものの、東日本支援プロジェクトも発足から４年を経過して大きな転機を迎えることとなった。プロジェクト発足当初からのリーダーであり、ご自身でも精力的に研究を進めてこられた門間敏幸教授、そうま農大方式による津波被災水田の復旧方策を提案、推進された後藤逸男教授のお二人が同時に定年退職となったのである。相馬市では津波被災水田の復旧工事が進みつつあり、米づくりも順次再開していたが、放射性物質による汚染が大きかった地域を中心に、浜通り地域全体としてはまだまだ復興したとは言いがたい状況であった。また、農地の土壌復旧や農業法人経営の他にも畜産業や森林、里山などで新たな課題も明らかになってきた。

こうした状況で、門間教授から東日本支援プロジェクトのリーダーの引き継ぎを依頼された。プロジェクトの発足当初と比べると、大学内の研究メンバー、被災地域の状況の双方が変化していた。このため、門間教授がリーダーをされた最初の４年間をプロジェクトの「フェーズⅠ」、５年目からの４年間を「フェーズⅡ」と位置づけて、体制を整備し直して進めることとした。

フェーズⅠでは、門間教授、後藤教授、さらにバイオサイエンス学科の林隆久教授が牽引役となり、独立的に研究を進めてきた。これに対して、2015年度からのフェーズⅡでは、東日本支援プロジェクトの枠とは別に被災地での研究を行ってきた教員も東日本支援プロジェクトのメ

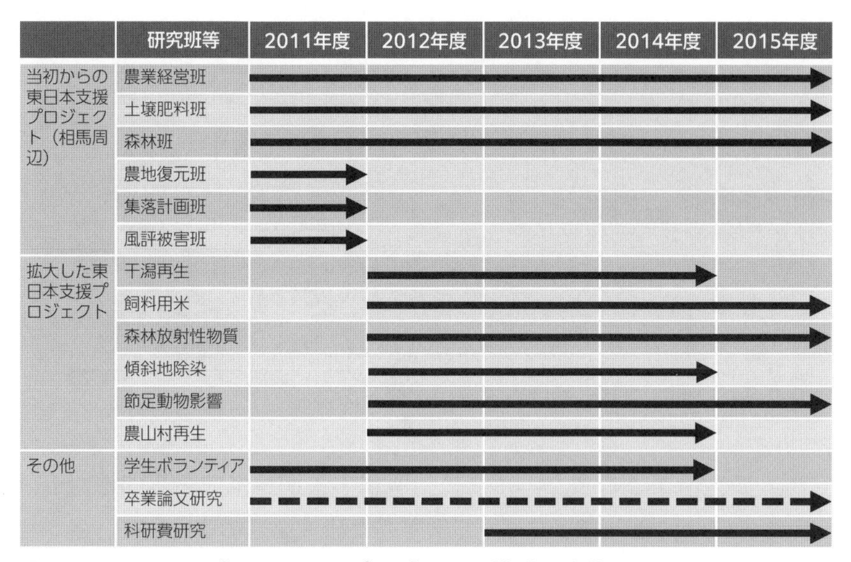

図Ⅰ-2-1　フェーズⅡにおけるプロジェクト構成の変化

ンバーとして一体化することとした。具体的には、畜産経営の観点から飼料米などの研究を行ってきた畜産学科の信岡誠治教授のチーム、森林における放射性物質のモニタリングを続けてきた森林総合科学科の上原巌教授のチーム、バッタやコオロギなどの昆虫やクモなどの節足動物への影響を研究してきた国際農業開発学科の足達太郎教授のチームである。

フェーズⅡは、こうしたメンバーを包含して“拡大した”東日本支援プロジェクトとして再出発することとなった。

2 プロジェクトの新体制と運営方針

（1）プロジェクトの新体制

フェーズⅡは、リーダーが交代するとともに、プロジェクトの構成が拡大し、アドバイザー的に加わっていただく門間・後藤両元教授を含め

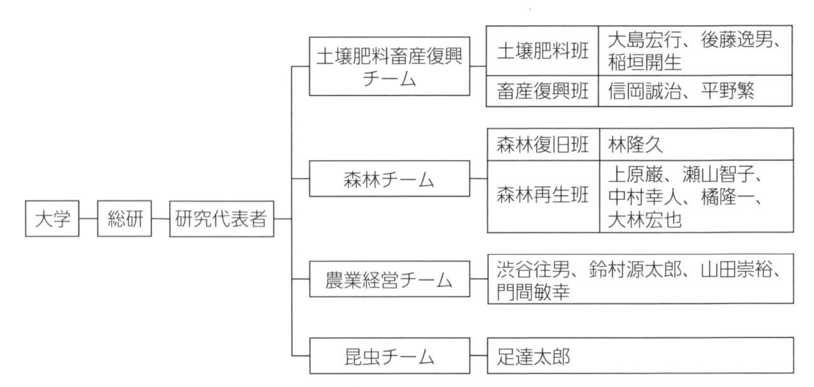

図Ⅰ-2-2　フェーズⅡにおけるプロジェクトの体制

て16人の大所帯となった。さらに、所属学科が違っても専門性が近い分野あるいは共通のフィールドで学際的な研究を進めるために、各学科単位での「班」と連携を重視した「チーム」を設置した。結果的に**図Ⅰ-2-2**に示す４チーム６班体制でスタートした。チームやメンバーが多くなると研究管理面での業務も大きくなるため、研究管理部署である学内部局の「総合研究所」からの支援も強化を図り、研究が円滑に進められる体制とした。

リーダーとしてプロジェクトを任されるにあたって、個々の専門分野の内容を完全に理解するのは無理だとしても、全体像をしっかり把握して、方向性を合わせるようにする必要があった。そこで、プロジェクト運営全体の考え方を自分なりに体系化して確認しつつ進めていくこととした。そのために、経営戦略の策定フローを下敷きとして下記のようにフェーズⅡにおける運営全体の考え方を体系的に整理した。

図Ⅰ-2-3の体系図の中で、東日本支援プロジェクトの理念を大学の使命の中に位置づけるとともに、プロジェクトの基本目標を「被災地の農林業復興」はもとより､「対外発信」として学内での役割の明確化も図った。さらに、東日本支援プロジェクトを取り巻く環境変化を外部環境・内部環境に分けて整理してプロジェクトメンバーとの共有化を図った。

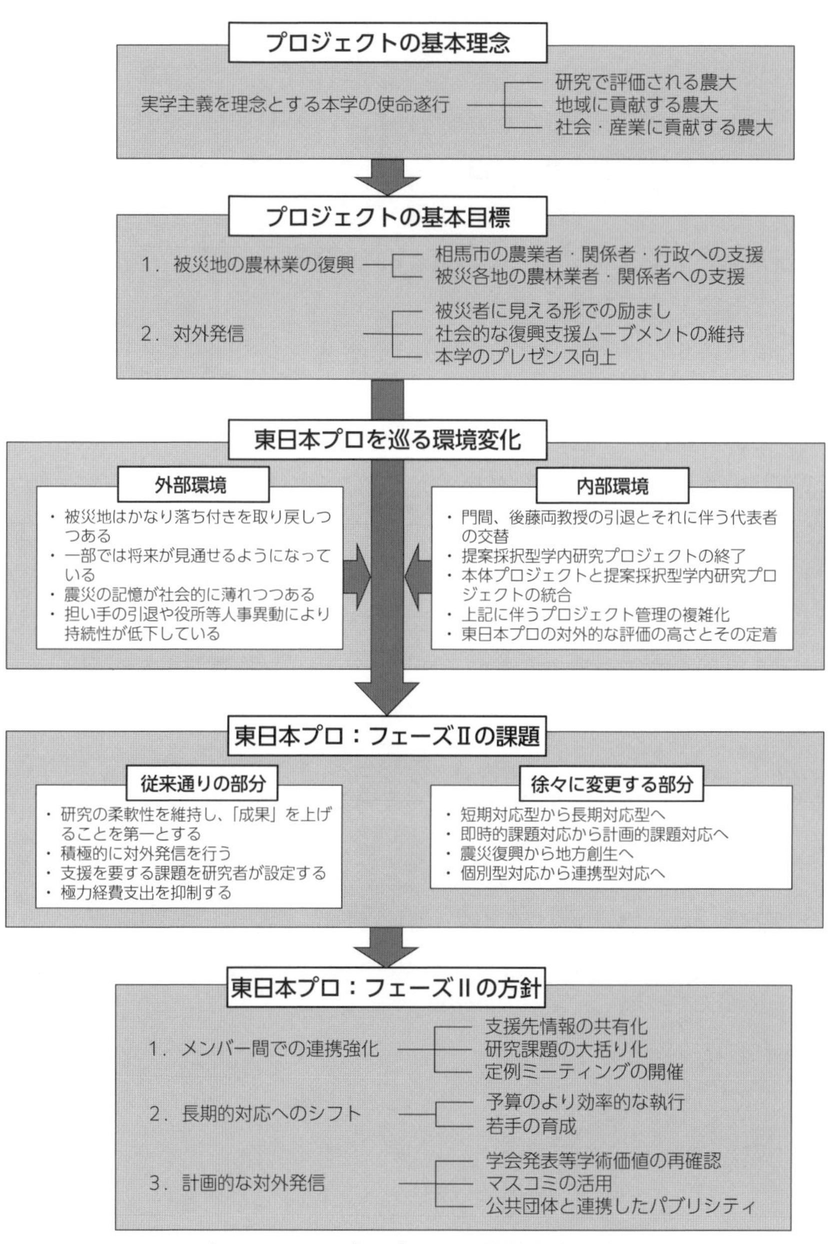

図Ⅰ-2-3　フェーズⅡにおけるプロジェクト運営全体の考え方

その上で、フェーズⅡとしての課題を整理した。特に図中の「徐々に変更する部分」には、長期対応型、計画的課題対応、地方創生、連携型対応という4つの課題に新たな方向性を示すこととした。これらの方向性がメンバー全員にしっかりと伝わったかどうかは確認できないが、自分ではリーダーとしての意思決定の際に意識することとしていた。こうした方向性の下でフェーズⅡの方針として、**図Ⅰ-2-3**の最下段の箱にあるような方針・方策を提示した。

フェーズⅡの方策の中でも「定例ミーティングの開催」は内部での情報共有のために新たに取り入れたものであり、**表Ⅰ-2-1**の年間のミーティングイメージに示すように、3か月に1度は全員でミーティングを持ち、情報共有を図りつつ推進していった。2015年4月の最初のキックオフミーティングでは、髙野学長の参加も仰ぎ、新たなフェーズに入った東日本支援プロジェクトの進め方についての確認を行った。東日本支援プロジェクトのフェーズⅡは本学の厚木キャンパスを含む6学科の教員で学部学科横断的に実施するものであり、こうした推進方策を採用することで一体性を保ちつつ遂行できたのではないかと思っている。

表Ⅰ-2-1　フェーズⅡの年間のミーティングイメージ

時期	タイトル	概要
4月	キックオフミーティング	チームメンバーおよび研究の全体像の確認
7月	研究共有化ミーティング	研究の進捗状況報告、研究協力・新課題等の検討
10月	研究共有化ミーティング	研究の進捗状況報告、研究協力・新課題等の検討
11月	収穫祭	(昨年度は学内報告会・シンポジウム実施)
1月	研究共有化ミーティング	研究の進捗状況報告、研究協力・新課題等の検討
2月	現地報告会	現地にて開催（相馬市など)

3 各年度の研究と報告

ここからは、フェーズⅡにおける各年度の研究概要と相馬市内で実施した活動報告会の状況を示す。

（1）2015年度の研究と報告

1）土壌肥料畜産復興チーム

土壌肥料班では伊達市月舘地区で実証していた畑わさびの放射性物質吸収抑制対策を実施して、平地でも畑わさびの栽培は可能であり、雨よけ処理と安価な黒遮光による被覆処理が合理的であることが示唆された。

土壌肥料畜産復興チームの畜産復興班では、酪農を行うにあたっての牧草の放射性セシウムの状況や飼料適性などについて調査した。その結果、一部の地点で11月に刈り取った牧草に放射性セシウム濃度の高い値がみられた。また、牧草地の中でも針葉樹の落葉を通じて土壌の放射性セシウム濃度が高くなることなどがわかった。他にも、ゼオライトを添加した牧草の家畜への給与試験、カリ肥料の施用による各牧草種の生育への影響などを調査した。

2）森林チーム

森林復旧班では震災４年後の森林フィールドの放射性セシウム分布を明らかにした。放射性セシウムはリター（落葉部）から土壌に移行しており、土壌の深い部分への移行などもわかった。また、JA伊達みらい（当時）の工場と３軒の農家の協力で桃果実700個についてあんぽ桃を試作した。そのあんぽ桃をJA伊達みらい祭りの際に展示・試食会を開催し、農家の反応についてアンケート調査を実施した。

森林再生班では津波による海岸林被害からの再生状況を調査し、人工植栽の沿岸部のクロマツは津波による物理的な作用によって、内陸部のスギは塩害によって壊滅的な打撃を受けたが、自然植生のケヤキ、タブノキは生存木が点在していることがわかった。沿岸部の草本類の植生については順調に回復をみせ、自然遷移も開始されていることが明らかになった。

3）農業経営チーム

津波被災した水稲地帯の先進的な農業法人である宮城県名取市の㈲耕谷アグリサービスに対する共同調査によって、「水稲・麦・大豆の３作物を栽培するブロックローテーション」の大規模経営方法について分析した。また、同社の６次産業化として「モチ加工」にも取り組むことで周年的な雇用確保効果などを確認した。この他、前章で紹介しているオーダーメイド経営分析モデルによる津波被災地域の農業法人の経営展開方向を検討した。

4）昆虫チーム

中山間地における節足動物および環形動物の採集と各調査地の空間放射線量の測定として、2012年以来調査を継続しているコバネイナゴ・エンマコオロギ・ジョロウグモの３種をはじめ、チョウ類・トンボ類・ゴミムシ類・水生カメムシ類・水生コウチュウ類・ヌカエビ類などの節足動物と環形動物のミミズ類を採集した。上記の３種については、100頭以上のサンプルを採集し、コバネイナゴとエンマコオロギから検出された放射性セシウムの濃度が比較的低かったのに対し、ジョロウグモでは高かった。

写真Ⅰ-2-1　2015年度の活動報告会
（2016年２月27日、千客万来館にて）

5）活動報告会の開催

2015年度の活動報告会は、2016年２月27日に相馬市千客万来館会議室で実施した。本学髙野学長、相馬市立谷市長の挨拶から始まり、本学から渋谷、後藤、林、信岡、門間の５名の教員が研究報告を実施した。市内などから24名の農業者等の参加があった。

（2）2016年度の研究と報告

1）土壌肥料畜産復興チーム

土壌肥料班では、伊達市霊山地区にある圃場で無改良、酸性改良+カリ多量、酸性改良+カリ多量+ゼオライト区の３区画を設け、改植２年目における畑ワサビの放射性セシウム吸収抑制効果を調査した。また、相馬市水田における津波被災水田の復興支援として、水田・転換畑圃場での地力維持管理法の検討を行った。また、和田地区で次年度に水田へ復旧予定の圃場の作付け再開に向けて、除塩や酸性改良対策の必要性の検討を行った。

畜産復興班では、相馬市玉野地区の牧草地で前年度に続いて放射性セシウム吸収抑制に取り組んだ。その結果、放射性セシウムの牧草への移行はほとんどみられなかった。また、牧草地の土壌の養分含量は、ばらつきが大きく、全体的に高い値を推移していたため、放射性セシウムへの対策としてのカリやゼオライトの施用は必要なく、土壌中の$K_2 0$などの養分含量の低減を測る必要があることが示唆された。放牧については、刈り取り牧草を給与した牛と同様に、生乳への放射性セシウムの影響は見られず、時期による相違も見られなかったため、少なくとも４月から９月までの放牧利用が可能であることが示された。

2）森林チーム

森林復旧班では、前年度の延長として、JAふくしま未来の職員と凍結乾燥器等を使った乾燥果実（柿・桃・リンゴ・梨）を製作した。また、地震を経験した樹木の化学分析および水中貯木３年目の樹木の放射線量の測定を行った。

森林再生班では、南相馬市の森林の放射線量状況を測定し、これを開始した2012年時と比較し、針葉樹人工林、広葉樹二次林ともに、放射線量は全体的に低下傾向にあるが、中には、数値に上昇がみられる林分も散見された。放射線量は、依然としてリター層（落葉層）で高かった。また、新たに測定した地衣類（ウメノキゴケ）では、高い放射線量が検出された。これらのことから、放射性降下物による汚染の動態は、有機物相から菌類、無機物相に移行してきていることもうかがえた。

3）農業経営チーム

風評被害対策として、意識調査と日記調査の２つの調査を実施した。キュウリの選択に関する意識調査からは原発事故という情報を与えるかどうかに依らず、福島県産は忌避されていることが示唆された。日記調査からは、福島県産の選択行動として、キュウリの産地選択理由は「産地を応援したいから」「産地については意識していない」に、職業がある場合、福島県に居住していることが福島県産の購入に正の効果があった。トマトについては、「いつも買っているから」、「産地を応援したいから」に福島県に居住していることが正の効果、職業がある場合に負の効果があった。

また法人経営確立のために、津波被災後に設立された宮城県の農業法人調査の結果、短期間に100ha規模の大規模経営が生まれているなどの共通点があり、課題点については、経営面で大規模であることが生かされていない、法人経営の経験が浅く組織の良さが生かされていない、経営知識がほとんどない、構成員として農業に自分の意見が通らずに不満を抱えているなどが見いだされた。

4）昆虫チーム

それまでの調査結果によれば、飯舘村の空間放射線量率は2012年以降、年々コンスタントに低下していた。これは、半減期が約２年であるセシウム134の自然減衰と、生息地の周辺で実施されている除染作業の影響によるものと推測された。土壌から一年生植物への放射性セシウムの移行係数は最大0.05程度とされており、毎年更新されるこうした植物を餌とするバッタ類などでは、放射性セシウムの蓄積量が年々低下したのに対し、高濃度の放射性セシウムが蓄積している森林のリター層などで繁殖する腐食性のハエ類を主に餌とする造網性クモ類では、放射性セシウムのレベルが低下しなかったものと考えられる。

5）活動報告会の開催

2016年度の活動報告会は、2017年２月18日（土）に相馬市千客万来館会議室で実施した。本学山本祐司総合研究所長、相馬市立谷市長の挨拶から始まり、本学から門間、渋谷、大島、半杭、信岡、林の６名の教員が研究報告を実施した。市内などから73名の農業者等の参加があった。

この他に、2016年５月７日（土）に相馬市民会館大ホールで開催された「こども放射線防御・震災復興　国際シンポジウム2016」にて、東日本支援プロジェクトの活動内容について報告を行った。

（3）2017年度の研究と報告

1）土壌肥料畜産復興チーム

土壌肥料班では、畑わさびの出荷再開に向けた現地試験を行い、土壌の酸性改良による生育改善効果や最適な株間の検討などを実施した。同時にポット栽培におけるカリ施用量による放射性セシウムの吸収抑制対策効果を検討した。また、有機物降下などによる植物の放射性セシウムの汚染が懸念されることから、山林内での栽培には、圃場の選定が必要と考えられることが示唆された。転炉スラグによる水田の復興については、転炉スラグ未施用で復興した圃場でもケイ酸資材として転炉スラグを施用するべきと考えられる結果を得た。

畜産復興チームでは、牧草地土壌の放射性セシウム濃度が前年度と比較して平均値は低下し、調査地点によるばらつきも小さくなった。牧草中の放射性セシウム濃度も基準値を大きく下回った。家畜や牛乳への影響も見られなかった。一方で、森林と接している牧草地は落葉による放射性セシウムは引き続いて注意が必要であることがわかった。また、継続的に現地で多発している乳牛の低マグネシウム血症(グラステタニー)対策として、牧草中のミネラルバランスの分析を実施した。なお、調査対象の牧場では、前年度の研究成果を受けて放牧を再開した。

2）森林チーム

森林再生班では、南相馬市の森林の放射線量測定、里山の植生調査、また、相馬市を中心とする野生動物の棲息・動向調査の準備の３点を主に行った。森林の放射線量測定からは、森林内での放射性降下物質は今後も森林内に滞留し、循環することが考えられ、山火事、あるいは土石流などの災害の際に林外に流出する危険性を有していることが示唆された。野生動物班（山﨑晃司教授）については、阿武隈山地での棲息・動向調査の準備段階として東京農大奥多摩演習林などで自動撮影カメラを設置し、システム動作試験の結果、有効性を確認することができた。

3）農業経営チーム

津波被災地の農業法人の将来的な経営の多角化戦略を検討するために、アンゾフの製品・市場マトリックスをベースに業務用米導入と大豆による６次産業化の検討を行った。業務用米は単価ではやや劣るものの、収量が高い品種を選択することでトータルでの売上を向上できることが確認できた。大豆の６次産業化では鹿児島県薩摩川内市で生産されている大豆バターのように、先進事例調査などを通じて各々の課題が明らかになった。

また、営農再開班（半杭真一准教授）として、南相馬市の７件の農業経営体を対象に調査し、現状と課題を把握した。課題の例として、消費者の買い控えなどの販売面とともに、生産面でもパート労働力の不足や除染作業の影響により賃金水準が高騰していることを背景とした高賃金の傾向などが見られた。

4）昆虫チーム

前年度までの調査に続いて、９月から10月にかけて３回にわたって調査を行い、採集されたコバネイナゴ・エンマコオロギ・ジョロウグモ・フトミミズのサンプルを分析した。また、飯舘村の住民からの聞き取りとして、かつては農外収入源となっていた野生キノコの出荷停止や耕作地をメガソーラーの用地として貸し付けることによる土地使用料の高さなどが、村への帰還のモチベーションを低下させる一因となっていることがわかった。

5）活動報告会の開催

2017年度の活動報告会は、2018年３月３日に相馬市千客万来館会議室で実施した。本学高野学長、相馬市立谷市長の挨拶から始まり、本学から信岡、山﨑、足達、大島、渋谷、門間の６名の教員が研究報告を実施した。市内などから66名の農業者等の参加があった。

（4）2018年度の研究と報告

1）土壌肥料畜産復興チーム

水田復興班では、水稲収穫後の土壌において、翌年の大豆栽培のための緑肥の効果を調べた。その結果、マメ科のヘアリーベッチの栽培、すき込みによって大豆の開花期頃の窒素吸収が促進され、莢数の増加、結果として収量増加に効果があった。また、大学内でのポット栽培により異なるケイ酸質肥料を用いて肥料効果の高いケイ酸資材の選定を試みた。

動態分析班では、相馬市玉野地区の牧場において、森林境界での放射性セシウム濃度を分析し、境界から少なくとも－６mの地点まで除染を行うことにより農用地への放射性セシウムの流出は防止できることが示唆された。

2）森林チーム

森林再生班では南相馬市において2011年から定点観測を継続している５つの林分において、森林土壌、リター、木本植物の枝葉、花芽、果実等を計37サンプル採集し、放射線量を計測した。これにより、今後の森林再生の施業方策としては、間伐、除伐により、林内空間を空け、林床照度を高めることによって樹木の天然更新を促進し、従来の針葉樹人工林と天然広葉樹との「針・広混交林」化を進めることが現実的であり、かつ将来の展望を持てるものであることが示唆された。

野生動物班では相馬市を含む阿武隈高地の東北部の約800km^{2}の調査地全体を5km×5kmのメッシュで区切り、1メッシュにつき1か所のヘア・トラップおよびカメラ・トラップを設置した。その結果、撮影された中大型哺乳類はニホンカモシカ、ニホンノウサギ、ニホンザル、ニホンテン、ニホンアナグマ、タヌキ、ハクビシン、アライグマ、イノシシ、ツキノワグマ、アカギツネの11種だった。このうち、特に帰還困難地域内でイノシシの出現が目立つとともに、阿武隈山地でのツキノワグマの生息が明らかになった。

3）農業経営チーム

農業経営班では相馬市の農業法人の将来像の候補となるような全国レベルでの水田農業法人等を調査し、6次産業化を含めた将来の発展方策を検討、提示した。

営農再開班では営農再開に向けたマーケティングについて、調査品目であるネギとアスパラガスを中心に、流通面の拡大可能性と課題を検討した。国産農産物に対する流通・消費段階のニーズが高まるなか、福島県の産地としてのプレゼンスは高まるものと予想される。風評被害への不安も生産者には根強いが、生産を拡大することによって拓けるチャンスをつかむべく、より低コストと高品質を目指すことによって産地としての競争力を高める必要があることがわかった。

4）昆虫チーム

除染後も放射性セシウム濃度が高止まりしている造網性クモ類の主な餌として想定される、森林内に生息する飛翔性昆虫を、植物質と動物質の2種類の誘引トラップを用いて採集し、分類ごとに生物量と放射性セシウム濃度を測定した。昆虫の放射性セシウム濃度と位置データは、森林内における詳細な放射性物質残存状況マップの作成に活用することができると思われる。また、表層性ミミズ類における放射性セシウム濃度の測定データにより、森林林床における放射性物質の動態を推定することが可能となった。

5）活動報告会の開催

2018年度の活動報告会は、2019年２月16日に相馬市千客万来館会議室で実施した。本学山本副学長、相馬市立谷市長の挨拶から始まり、本学から渋谷、半杭、大島、足達研究室４年生の柿沼穂垂、山﨑研究室修士課程２年生の鈴木郁子、さらに福島県農業総合センター主任研究員の佐久間光子氏の６名が研究報告を実施した。市内などから69名の農業者等の参加があった。

また、2018年度は相馬市役所からの提案により、活動報告会の後に相馬市若手農業者との交流会・懇親会が開催された。きっかけは相馬市の若手農業者から都市部の若者は農業をどのように見ているのか、という点に関心があり、是非話を聞いてみたいという要望が市農林水産課に寄せられたことであった。東京農大からは８名の学部生・大学院生と５名の教員が参加した。東京農大の学生にとっても第一線で活躍している農業者との交流によって、農業経営の実情が理解できたとともに自身の専門領域との関係性も具体的に認識するところとなった。

6）被災地自治体等との連携協定の締結

2018年度は被災地のJAや自治体と包括連携協定の締結が続いた。７月９日には福島復興支援隊として学生が桃の収穫、わさび試験場での放射性物質の調査などを長年行ってきたJAふくしま未来と包括連携協定を締結した。

写真Ⅰ-2-2　相馬市との包括連携協定締結式

また、12月20日には東日本支援プロジェクトを通じて2011年から８年間の連携実績がある相馬市と包括連携協定を締結した。

さらに、2019年１月31日には2018年度から本学生物産業学部の黒滝秀久教授を中心とするチームとともに「大学等の復興知を活用した福島イノベーション・コースト構想促進事業」を相馬市より前に開始していた浪江町と包括連携協定を締結した。

本章は東日本支援プロジェクトのフェーズⅡの運営と概要について、既存の会議資料、学内報告書などをもとに整理、構成した。個別の研究内容の詳細については、第Ⅱ部を参照いただきたい。

Interview

東京農大の先生と学生には助けられた

JAふくしま未来 組合長 **数又清市**

震災のときは、年度末のあんぽ柿出荷反省会だったんです。全国の市場から担当者が来ていたので、なんとかしなきゃならない。地元の旅館は停電でしたが、ご飯も出せないけどと言って泊めてくれた。そういう状況ですね。

原発事故の発生後は、やはりその対応に追われました。まずは組合員の勉強会です。何日もかけてね。とにかく産地を甦らせたいという気持ちでした。ですが、報道を聞いていると、福島はもうダメになると思いました。そこで、「全国土の会」として名前を知っていた東京農大の後藤先生のところに行って、何とか放射性セシウムの試験をしてくれとお願いしたんです。それが私と東京農大との関係のスタートでした。

いろいろな大学の先生からも支援の話はあったんですが、相馬市の話も聞いていて、東京農大と組みたいと思いました。それで水田の吸収抑制のゼオライトの取り組みをしました。一番助けられたのはこの水田の吸収抑制です。並行して、大豆や畑わさび、それから柿や他の品目も。

あれほど誠意をもってやっていただけたというのは、ありがたかった。試験データに基づいて、農業者に説明会を開いて、理解してもらう。それを土台にして、さらにトライして拡大していく。力になったよね。

もう一つは、この地域の大きな課題である、夏場の共撰場の労働力不足です。なんとか学生の方に１週間でも10日でも、許される範囲でお願いできないかとお手伝いをお願いしました。それではやりましょうということになって大学に説明会に行くと、広い教室を会場に取ってもらったのですが、学生が入りきれなくて廊下にあふれている。びっくりしてね。こんなに学生の気持ちが福島に向いてくれているのかと。もう、嬉しいなんてものではなかった。JAでバスを東京まで出して、世田谷だけでなく厚木も含めて年間140～150人も来てもらった。この労働力には助けられました。

組織が農協の最大の強みです。伊達地域では水田の吸収抑制は個人任せにしていては徹底できないと考え、仕組みづくりをやったんですね。組織をつくって、水田を一枚残さず共同作業で。個人でなく組織だからできたことだと思っています。あとは、これも共同で果樹の除染作業。流通する果樹がどの場所に何本植えられているか、除染のときに数えて、全部で57万本です。そのすべての台帳を作ったことがその後の基礎になっています。

収穫祭にはJAふくしま未来も出展している

東京農大の「実学主義」というのは全くその通りだと思います。これからは、われわれが大学にお願いする研究だけでなく、地域農業の在り方を一緒に考えていきたいんです。東京農大とともにいろいろな分析をして、力を借りながら仕組みづくりをやっていきたい。先生が現場にきて、学生さんも先生に連れられてきて汗をかいて、そこに農協も入って。

一緒にやる姿は農業の基本だと思います。これからもそれは期待したいですね。

Interview

これからの経営モデルづくりを

JAふくしま未来　そうま地区本部次長　**高玉輝生**

震災当時は、JAそうまの営農企画課に在籍していまして、前の年くらいからコメの需給調整の関係で加工用米について取引を進めており、震災の発生は、ちょうど東京からお客さんに来てもらっていた時でした。

震災の翌日に沿岸部に行ったときは、言葉も出ないくらいでした。「営農どころではないな、農協も存続していけるのかな」ということが頭をよぎりましたね。続けて原発事故も起こって、管内の小高と飯舘が避難指示になって…。飯舘には牛がかなりいましたから、その対応にも時間がかかりました。それでも悲しんでばかりもいられないですから、東京農大の後藤先生に来ていただいて、土壌分析で塩分濃度を測ったりして、それを少しずつ少しずつ、点から面にしていこうとやりましたね。

あれからずっと東京農大に支援していただいて、ここまでやってこられました。門間先生には集落営農の勉強会や毎年の報告会も実施していただき、学長さんにも来ていただきましたね。

報告会を相馬市の玉野地区でやってもらったときのことです。誰かが「いつまで支援してくれるんですか？」って質問したのに対して、東京農大は「相馬の人から復興できたから大丈夫だよって言われるまで続けます」って言ってくれた。あれは非常に嬉しかったですね。

これからの課題は、やはり経営だと思います。玉野地区を例にとると、平場と違っていくら農地を集積しても30ha程度です。コメの値段はたかがしれているので、法人を設立しても従業員数人分の給与も支払えない。年間400万円の給与としても、社員が５人いたら2000万円の利益を出さないといけないんです。5000万円以上の売り上げを上げるのは、30haの田んぼではできませんし、200gの葉物を100円で売るなら、ものすごい数を扱わないといけない。

では、園芸品目でカバーするような取り組みとして、複合経営でどういう作物を作っていくか。ブロッコリーを取り入れているところもありますが、昔と比べると気候も変わっているので、どう作物を組み合わせるかが課題になります。とくに山間部では冬場の気温はマイナスになるし、日照も不足します。施設園芸も考えますが、費用をかけて加温するかどうか。玉野では夏の雨よけのホウレンソウはやってきたんです。法人を立ち上げて年配の人を集めて袋詰めとかをやれば、お小遣いくらいにはなる。そこからもう一歩進んで、いま求められているのは、このようにやればこのくらい利益が出るというシミュレーションをして、例えば通勤してでも後継者になってくれるような経営ですね。そこを確立すると、ある程度の可能性が出てくると思います。

玉野地区は、震災のあとには小学校も中学校もなくなってしまいました。学校がないから若い人が里の方に下りて来る。そうなると農地を引き受けるといっても残っている人は、みな歳を取っている。いったん阿武隈山系の農地を荒らしてしまうと、鳥獣被害がひどくなるし、住みづらくなって集落じたいが消滅してしまいます。そうならないように東京農大に携わってもらい、農業経営のモデルを示していただけたらと思います。

玉野地区で行われた活動報告会（2013年2月）

第3章 プロジェクトフェーズⅢ：プロジェクトの深化と協働

1 福島イノベーション・コースト構想と「復興知」事業

分担執筆：福島イノベーション・コースト構想推進機構

（1）福島イノベーション・コースト構想について

福島イノベーション・コースト構想（以下、「福島イノベ構想」と記す）は、東日本大震災に伴って発生した東京電力福島第一原子力発電所の事故による原子力災害によって失われた福島県浜通り地域等15市町村の産業の再生に向けて、新たな産業基盤の構築を目指し、2014年に検討が開始されたプロジェクトである。2017年５月に改正福島復興再生特別措置法が公布・施行されたことにより、福島イノベ構想の推進は国家プロジェクトに位置付けられている。2020年５月には、福島復興再生特別措置法に基づく「重点推進計画」の変更が内閣総理大臣から認定され、浜通り地域等を「あらゆるチャレンジが可能な地域」とし、「地域の企業が主役」となり、「構想を支える人材育成」を進めるという３つの柱が盛り込まれたほか、これまで福島イノベ構想に位置付けられていた５つの重点分野（「廃炉」、「エネルギー」、「農林水産」、「ロボット」、「環境・リサイクル」）に、「医療関連」、「航空宇宙」の２つの分野が追加された（現在の重点分野：「廃炉」、「ロボット・ドローン」、「エネルギー・環境・リサイクル」、「農林水産」、「医療関連」、「航空宇宙」）。

福島イノベ構想の根底には、被害を受けた地域だからこそ、産業を再生するため、また、顕在化した社会課題を解決するため、イノベーションが次々と生まれる地にしようという発想がある。当初は、構想に基づく拠点として、福島ロボットテストフィールドの整備など、主にハード面の整備が行われてきた。また、福島イノベ構想は、国、県、市町村、企業・関係機関、研究者など様々なプレイヤーが取り組みを進めている。

このような中、2017年７月に福島県が設立した福島イノベーション・コースト構想推進機構（以下、「福島イノベ機構」と記す）は、これらの拠点や取組を結び付けるソフト面の支援を行っている。

（２）福島イノベ機構の取り組みと「復興知」事業

福島イノベ構想の具現化に向け、福島イノベ機構では、「産業集積・ビジネスマッチング」「教育・人材育成」「交流人口の拡大」「拠点施設の管理・運営」の４つの取り組みを実施している。

このうち、「教育・人材育成」においては、福島イノベ構想や当地域の産業を担う人材育成のため、後述する「復興知」事業のほか、浜通り地域等の高等学校において、福島イノベ構想をけん引するトップリーダーや、工業・農業分野の即戦力となる人材の育成に向け、企業や高等教育機関、研究機関等と連携した特色あるキャリア教育を展開するイノベーション人材育成、さらに、小中学校での教育プログラムを実施している。

「復興知」事業は、2018年度から開始された。この事業は、全国の大学等が有する福島県の復興に資する知を、浜通り地域等に誘導・集積するため、浜通り地域等で教育研究活動を行う大学を支援するものである。浜通り地域等には大学等の高等教育機関が少ない中、震災後、県内外の様々な大学等が市町村・企業・高校などと連携して教育研究活動に取り組んでいる。この地域の市町村と連携協定を締結し、かつ、拠点を置くことを要件とする補助事業であり、2018年度は20件（総額１億４千万円）、2019年度は28件（総額３億８千万円）を採択してきた。「復興知」事業の最終年度である2020年度は、17の大学等について、全23件（総額３億7700万円）を採択した。

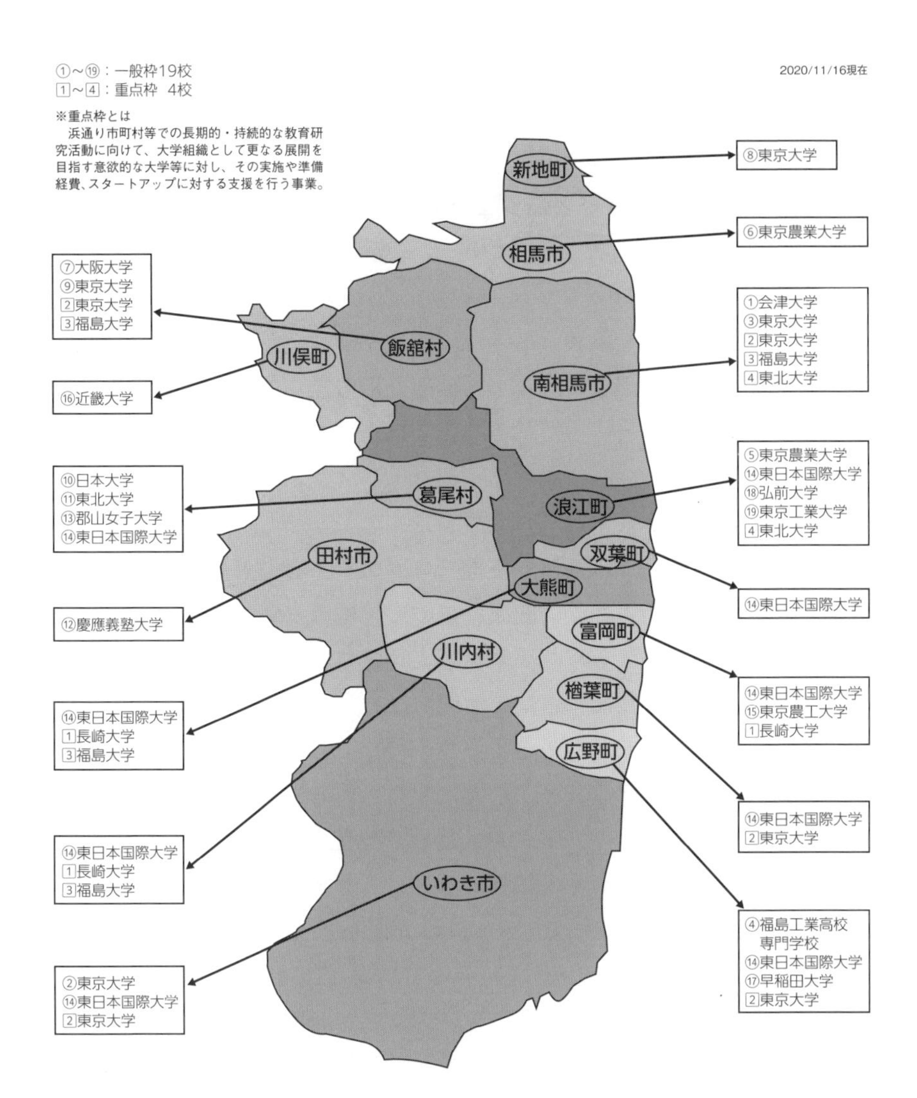

図Ⅰ-3-1　2020年度「復興知」事業採択大学等一覧

2 「復興知」事業に関する東京農大の体制と取り組み

(1)相馬市を拠点とするプロジェクト

分担執筆:半杭真一(国際バイオビジネス学科)

東京農大東日本支援プロジェクトは、2011年から開始され、主として研究の分野で成果を蓄積してきた。院生や学生の研究における参画や、第1章に記した学生ボランティアといった取り組みもあったものの、カリキュラムとの連動といったところまでは行えない点が課題となっていた。

「復興知」事業については、相馬市でのプロジェクトは2019年度募集から助成を受けている。東日本支援プロジェクトとして進めてきた研究分野での関わりに加え、この助成によって「地域との協働」という大きな柱を持ち得ることとなった。東日本支援プロジェクトに参画している教員がそのまま「復興知」事業を活用して研究を発展・拡充することに加えて、学生が現地で活動できる資金を得たことによって、カリキュラムと連動した教育を行うことが可能になり、厚みをもった活動となったことが、プロジェクトのフェーズⅢとしての特徴である。

東京農大のプロジェクトの体制はフェーズⅡまでと同様であるが、相馬市およびJAふくしま未来と2018年に包括連携協定を結んだことによって、なお一層現地との連携を深めていく。2019年からの相馬市のプロジェクトにおいては、相馬市やJAふくしま未来に加えて、森林組合、耕種および畜産分野の農業者を委員とし、県農林事務所をオブザーバーとした実行委員会を組織し、助言を受けながら地域に求められる活動を進めている。連携協定を基にした活動の一環として、2019年度からは現地での活動報告会をJAの施設を利用して行っている。

研究の分野における相馬市との連携による活動として、下水汚泥の利用がある。これは、相馬市が抱える震災とは別の課題に研究として対応する取り組みである。相馬市の下水処理場から発生する下水汚泥（乾燥汚泥）の肥料としての効果が確認できれば、廃棄物である下水汚泥の資源としての利用が期待できる。

「復興知」事業を通じた新しい試みとして、他大学との研究交流がある。全国的な傾向であるが、住民の避難を経験した浜通り地方にあって、鳥獣害は特に深刻な課題となっている。こうした課題に取り組むため、野生動物の研究分野において、他大学等と協調して研究成果を発信するといった取り組みが始まっている。

その他、「復興知」事業で取り組んでいることとして、人づくり支援に関する活動が大きなものであるが、これは項を改めて記述する。

（2）浪江町を拠点とするプロジェクト

分担執筆：菅原優（自然資源経営学科）

浪江町を拠点として実施する「福島県浪江町における農業“新興”の取り組み～担い手育成に向けて～」においては、浪江町での営農再開に向けた課題を踏まえ、浪江町における農業“新興”に向けた「担い手育成」の取組みとして、ボトルネックとなっている“ソフト面”を支援するため、東京農業大学の“復興知”を結集して、①就農拡大に向けた取り組み、②６次産業化推進の取り組み、③スマート農業推進の取り組みを軸として実施している。

就農拡大に向けては、地元農業者向けの「農業セミナー」を通じた講習会、浪江町での活動や各キャンパスを中心とした支援プロジェクト活動や農業実習、担い手育成調査、アグリイノベーション大学校による現地視察を行うことにより、学生が浪江町の農業者・行政担当者から就農環境や支援策などを学びながら、現実味のある新規就農プランを提案する。

６次産業化の推進に向けては、地元農業者向けの「農業セミナー」や「復興講座」を通じた講習会や既存のエゴマや新規作物として期待されるペピーノ、小麦を用いた商品開発を検討していく。具体的には学生が提案する商品企画を地元企業と連携しながら、試作品開発、テストマーケティングを実施して、道の駅の開業に向けたお土産開発として実施する。

スマート農業の推進に向けては、既に浪江町で農業生産法人として展開する㈱舞台ファームとの連携により、学生や地元の農業者を対象としたドローンの現地講習会を定期的に実施することによって効率的な農業経営のイメージを醸成していく。

3 各年度の取り組み

分担執筆：半杭真一（国際バイオビジネス学科）

（1）相馬市を拠点とするプロジェクト

1）2019年度

2019年度は、「復興知」事業の活用によりさまざまな活動が始まった年である。

実行委員会が組織され、５月に開催された第１回委員会は、相馬市役所の正庁で行われた。委員会には東日本支援プロジェクトにかかわる教員全員が参加して年間の活動スケジュールが報告、承認された。

８月には、高校生を対象とした東京農大サマースクールが南相馬市小高区の小高パイオニア・ヴィレッジをメイン会場として開催された。21名の地元高校生と農大からは33名の院生と学生が参加した。

11月には恒例の収穫祭の地域連携ブースにJAふくしま未来が出展し、「そうま復興米」を含む物販を行った。これには学生も販売に協力した。11月８～９日の日程で、農業者を対象とした「もう一歩踏み出すための農業経営セミナー」が相馬市で開催された。９名の農業者と、「商品企画演習」を履修する学生を中心に38名の学生が参加した。なお、このイベントの直前、東日本の広い地域で台風19号による被害があった。

表Ⅰ-3-1　東京農大（相馬）の2019年度の取り組み

日付	事柄
4/1	「復興知」事業の内定通知
5/25	第１回実行委員会（於　相馬市役所正庁） 委員長：相馬市産業部長 副委員長：JAふくしま未来そうま地区本部次長 委員：相馬市企画調整部長、相馬地方森林組合組合長、耕種農家代表、畜産農家代表 オブザーバー：福島県相双農林事務所
6/29	福島復興学ワークショップ（於　富岡町）
8/6	福島復興学ワークショップ（於　いわきワシントンホテル）
8/8	東京農大サマースクール（於　小高パイオニアヴィレッジ）
11/1-3	収穫祭で「そうま復興米」の販売（JAふくしま未来）
11/8-9	もう一歩踏み出すための農業経営セミナー（於　なぎさの奏　夕鶴） 講演：櫻田武氏（福島県観光物産館館長）
1/12	第２回実行委員会、プロジェクト活動報告会（於　JAふくしま未来相馬中村営農センター）

相馬市でも断水や農業施設の損壊がおこり、相馬市の要望に応じて東京農業大学は飲料水３トンの支援を行った。また、イベントの２日目に予定されていた視察を中止し、南相馬市社会福祉協議会の災害復旧ボランティアに学生が参加した。この台風では、相馬市の拠点が床上浸水し、また、JR白石蔵王駅に駐めていた公用車に浸水するという被害もあった。

１月には実行委員会と活動報告会が行われた。110名を超える農業者と31名の学生が参加した活動報告会は、例年通り教員からプロジェクトによる研究成果が報告されるとともに、「復興知」事業によって可能となった学生による新商品アイディアの発表と参加した農業者による投票も行われ、最優秀作品には相馬市長から賞状と、JAふくしま未来から副賞として相馬市産「天のつぶ」が贈られた。

２）2020年度

2020年度は、前年度末からのコロナ禍のなかでのスタートとなり、実行委員会は書面での開催となった。

東京農業大学も前期はオンライン授業となり、教員の出張や学生の課外活動が制限されるなかで、2019年度に好評であったサマースクールが行えるのか、という不安もあったが、地元高校の意見も取り入れながら準備が進められ、感染症対策を施して９月に南相馬市原町区を会場に

表Ⅰ-3-2　東京農大（相馬）の2020年度の取り組み

日　付	事　　柄
5/11	第１回実行委員会（書面開催） 委員長：相馬市産業部長 副委員長：JAふくしま未来そうま地区本部次長 委員：相馬市総務部長、相馬地方森林組合組合長、耕種農家代表、畜産農家代表 オブザーバー：福島県相双農林事務所
9/4	福島復興学ワークショップ（於　浪江町地域スポーツセンター）
9/21	東京農大オータムスクール（於　サンライフ南相馬）
11/7-8	もう一歩踏み出すための農業経営セミナー（於　JAふくしま未来相馬中村営農センター） 講演：櫻田武氏（福島県観光物産館館長）、安田幸子氏（福島県農業短期大学校）、石川拓磨氏（福島県相双農林事務所）
12/5	「復興知」事業成果報告会
1/10	第２回実行委員会、プロジェクト活動報告会（オンライン開催）

オータムスクールとして開催し、23名の地元高校生と東京農大からは21名の院生と学生が参加した。

11月には「もう一歩踏み出すための農業経営セミナー」が相馬市を会場として行われた。2020年度は、「農業経営セミナー」と地域の６次産業化の経営モデルを作るべく、大豆の焙煎機と製粉機を導入し、県産品の販売と加工の専門家をそれぞれ招いての「６次産業化講習会」の２本立ての構成となった。農業者は前者に13名、後者に８名、さらに学生31名が参加した。

活動報告会は、新型コロナウイルス感染症の影響により、オンラインでの開催となった。

（２）浪江町を拠点とするプロジェクト

分担執筆：菅原優（自然資源経営学科）

１）2018年度

2018年度は、「福島県浪江町における農業“新興”の取り組み～担い手育成に向けて～」事業の採択が決まり、９月26日に第１回目の実行委員会が世田谷キャンパスで開催され、年間スケジュールの確認が行われた。

大学生が参加するイベントとして最初に行われたのが、浪江町酒田地区の営農再開が行われた圃場での稲刈り体験であった。このイベントは早稲田大学を中心とするボランティアサークル活動の一環で開催されたが、本学の学生は７名が参加した。

その後は、福島県沿岸部地域における農業の復興の状況について、㈱舞台ファームの針生信夫代表取締役、伊藤啓一常務取締役が学生向けに情報提供を行った（３キャンパスで実施）。

そして年明けの2019年１月11日は、シンポジウム「福島県浪江町における農業“新興”に向けた取り組み～担い手育成に向けて～」を開催し､被災地における地域産業振興に詳しい関満博氏（一橋大学名誉教授）の講演と共に、パネルディスカッションでは浪江町の農業の復興の課題や先駆的に被災地の農業支援に取り組んでいる相馬市の取り組みなどが紹介され、浪江町で行うプロジェクトの方向性が検討された。

翌日の12日は13日に浪江町で開催された現地視察とワークショップのため、バスで移動を行った。高速道路で移動中にバスの車窓からは東京電力福島第一原発を垣間見ることができた。

13日の現地視察には46名の学生が参加して、浪江町に新規就農した農業者の圃場（花卉ハウス）見学を行い、地元農業者と学生でワークショップを行って農業の課題解決策についてプレゼンテーションを行った。

そして、１月31日には髙野克己学長が浪江町を訪れ、東京農業大学との包括連携協定が締結された。

１年目の活動を総括すると、浪江町の営農再開に向けた人材面、インフラ整備、販路面での課題を把握し、今後の農業“新興”に向けたアクションプランの方向性を確認しつつ、地元の農業者との交流・対話を行いながら、農業の営農再開・復興に向けた課題の共有と新たな“新興”策について学生目線での自由な発想で提案を行うことができた。なお、実行委員会は全部で５回開催された。

表Ⅰ-3-3 東京農大（浪江）の2018年度の取り組み

日　付	事　　柄
10/6	稲刈り体験（於　浪江町）
11/6	特別講義による福島県沿岸地域の営農再開に関する情報提供（於　東京農大オホーツクキャンパス） 講師：針生信夫氏（㈱舞台ファーム代表取締役）
11/19	講演会による福島県沿岸地域の営農再開に関する情報提供（於　東京農大世田谷キャンパス） 講師：伊藤啓一氏（㈱舞台ファーム常務取締役）
11/27	講演会による福島県沿岸地域の営農再開に関する情報提供（於　東京農大厚木キャンパス） 講師：黒瀧秀久（農大オホーツクキャンパス）・伊藤啓一氏（㈱舞台ファーム常務取締役）
1/11	シンポジウム「福島県浪江町における農業“新興”に向けた取り組み～担い手育成に向けて～」を開催（於　東京都内）講師：関　満博（一橋大学名誉教授） パネルディスカッション：佐藤良樹氏（浪江町）、渋谷往男（東京農大）、伊藤啓一氏（㈱舞台ファーム）、菅原優（東京農大）
1/13	現地視察およびワークショップ（於　浪江町）
1/31	浪江町との包括連携協定の締結（於　浪江町）

2）2019年度

２年目の2019年度は、浪江町での各種プロジェクトを通じた学生による農業支援活動を６月以降に本格化させた。とくにペピーノ、エゴマ、花卉といった品目別の農業支援活動や農業の担い手育成に向けたヒアリング調査など、延べ202名の学生が現地で活動を行った。12月14日のシンポジウムには、地元農業者を招いた活動成果報告会が行われ、それぞれの農業支援活動に携わった学生・教員からの報告が行われた。

ペピーノについては、浪江町における新規作物の位置付けで試験栽培を本格化させ、学生のアイディアによる調理品・加工品の試食会を行い、新たな特産品としての可能性を高めることができた。浪江町に2020年７月に開業する「道の駅」のお土産開発としても展開が期待される。

農業セミナーは２回にわたって実施し、ペピーノや小麦の栽培技術、地域おこし講座（講演会とワークショップ）、ドローン講習会など、地元行政や農業者のニーズを反映させた取り組みを行うことができ、本事業のテーマである６次産業化やスマート農業の理解に向けた取り組みができた。

表Ⅰ-3-4　東京農大（浪江）の2019年度の取り組み

日付	事柄
6/29	福島復興学ワークショップ（於　富岡町）
7/31	地元行政と農業者との意見交換会を開催（於　浪江町）
8/6	福島復興学ワークショップ（於　いわきワシントンホテル）
9/21	㈱マイファーム・アグリイノベーション大学校の受講生による現地研修を実施（於　浪江町）
9/22-23	農業セミナー「ペピーノ・小麦の栽培技術」（講師：髙畑健、西尾善太）とエゴマの管理作業を実施（於　浪江町）
11/16-17	「ふくしまプライド」と連携したエゴマ収穫作業、ワークショップを実施（於　浪江町）
12/14-15	シンポジウム「浪江町の農業“新興”への挑戦」（活動成果報告会）および農業セミナー「地域おこし講座（講演会とワークショップ）」「ドローン講習会」の開催 講師：黒瀧秀久・菅原優（東京農大）、菊地守氏（SENDAIドローンファーム）（於　浪江町）
1/25	シンポジウム「福島県沿岸地域の農業再生と広域連携の課題」の開催（於　東京都内） 講師：田代洋一氏（横浜国立大学・大妻女子大学名誉教授） 現地報告：大浦龍爾氏・石井絹江氏・佐々木茂夫氏・和泉亘氏（浪江町）、伊藤啓一氏（㈱舞台ファーム）、松尾穂乃香（東京農大）、桴谷泰之氏（㈱マイファーム） パネルディスカッション：新田洋司（福島大）、大川泰一郎氏（東京農工大）、半杭真一（東京農大）、髙畑健（東京農大）

また、農業の担い手育成という観点では、農業者からニーズの高い集落営農組織や法人化に関する情報提供をシンポジウムで実施したり、地域活性化に向けて「六次産業化テキスト」を作成するなど、農業“新興”に向け着実に成果を還元することができた。

２年目の活動を総括すると、学生による現地での農業支援活動が本格化し、地元農業者との交流の機会が非常に活発になった。本事業以外でもプライベートで浪江町を訪れる学生もいるほどである。６次産業化についてはペピーノを中心として学生のアイディアを反映させた取り組みの可能性が膨らんでいる。また、ドローン講習会を実施し、スマート農業の実践にもつなげることができた。なお、実行委員会は全部で８回開催された。

３）2020年度

３年目の2020年度は、浪江町での各種プロジェクトを通じた学生による農業支援活動がさらに弾みをもって展開する予定であったが、新型コロナウイルス感染症の拡大を受けて、課外活動が自粛となり、大幅な計画の変更を余儀なくされた。そのなかでも「東京農大・浪江町復興講座」を７月から毎月実施して、Zoomを活用することで学生も遠隔での参加ができるようにした。

学生による実質的な現地での活動は、10月３日・４日に行われた稲刈り実習とドローン講習会まで待たなければならなかった。稲刈りは㈱舞台ファームが浪江町で展開する棚塩地区の圃場で行われたが、津波の直接被害を受けたエリアで、10年振りの収穫作業となり、喜びもひとしおであった。収穫された米は、「浪江復興米」として期間限定で大学生協や浪江町の道の駅で販売される予定になっている。

表Ⅰ-3-5 東京農大（浪江）の2020年度の取り組み

日　付	事　柄
7/18	第1回東京農大・浪江町復興講座「道の駅で売れる農産物」（於　浪江町）
8/29	第２回東京農大・浪江町復興講座「なないろ元気野菜～高収益作物のトレンド～」（於　浪江町） 講師：能勢裕子氏（農山漁村文化協会）
9/19	第３回東京農大・浪江町復興講座「押し寄せる野生動物と復興～在来種の管理と外来種の防除～」（於　浪江町）
10/3	㈱舞台ファーム圃場での稲刈り実習およびワークショップ（於　浪江町）
10/4	ドローン講習会（於　浪江町） 講師：菊地守氏（SENDAIドローンファーム）
10/17	第4回東京農大・浪江町復興講座「地域資源の活用と六次産業化」（於　浪江町） 講師：小川繁幸（東京農大）
11/7	第5回東京農大・浪江町復興講座「大堀相馬焼の鉢の桜の盆栽による復興支援と古里の風景創成」（於　浪江町） 講師：内山利勝氏（NPO悠久の郷）、入江彰昭（東京農大）、報告：八島妃彩氏、岡洋子氏（浪江町）
12/19-20	シンポジウム（活動成果報告会）および第6回東京農大・浪江町復興講座
1/16-17	ウインターセミナーにおける農産加工実習と6次産業化の先進視察

Column

台風後の相馬

国際農業開発学科４年　大庭涼太

日本列島に2019年台風19号が上陸した時、私は東京の自宅にいた。雨風がうるさいほどに強く、ニュースでは東日本の河川の多くに氾濫の恐れがあると報道され、また、気象庁からは、自分の命・大切な人の命を守るために行動するようにと発表されており、いつもの台風とは違う物々しい雰囲気だったのを覚えている。

台風が去り、その爪痕や被災地に支援を行っている方々のことが連日のように報道されているのをどこか他人事のように観ていた。なんの専門性もない学生である私に、遠く離れた地では、なにもできることはないと思っていた。しかし、それは勝手な思い込みであった。

台風から３日経った火曜日、先生から調査でお世話になっている相馬の拠点が床上浸水をしたとの知らせが入り、その週の木・金の2日間、相馬の拠点の清掃作業を頼まれた。私は、頼りにされているのであれば手伝いに行かなければいけないし、お世話になったからには恩を返さないといけないと思い、相馬に行くことを決め、急いで準備を整え相馬へ向かった。

相馬での初日は被害の確認作業を行った。そのとき目にした光景は衝撃的だった。倒れた稲、道脇に大量にどけられたラップサイレージ、橋の支柱に引っかかった大量の木々、泥で覆われた地面、車が通るたびに舞い上がる土埃、窓ガラスに残る水の線、５日経っても乾かない屋内の泥、9月に訪れ散歩をして楽しんだ景色が泥一色のモノトーンへと変わり果てていたことに言葉が出なかった。

2日目は、朝から拠点の清掃作業を家主の方々と学生5人、教員1人で行った。屋内の泥の掻き出しをするのにあたり、最初にすべての家具と畳を外に出し使える物と使えない物に分けることを全員で行った。次に床の一部を剥ぎ取り、高圧洗浄機で泥を掻き出すことを2年生が行い、私と先輩は、倉庫の片づけと拭き掃除を行った。その時の何度拭いてもぬめりが取れない気持ち悪さは忘れられない。また、拠点から出したほとんどの物は、処分することになり、軽トラいっぱいに何度も積んだ。その量から資源分別の難しさを実感した。

清掃がすべて終わり、空っぽになった家を見て心苦しくなった。一か月前に訪れた時にみんなでご飯を食べた部屋、寝ていた部屋、料理を手伝った台所が床だけになっていて、思い出が失われたように感じた。そして、短い期間しか思い出のない私ですらこのような気持ちになるのに、家主の方々や被災された全ての方々がどれほど心裂かれる思いをなさっているのか想像もできない。今まで使用していた思い出の詰まった家財や普段何気なく過ごしている生活が1日で失われた悲しみや悔しさこそが、本当の自然災害の恐ろしさだと思った。

（※2019年度 成果報告書をもとに再構成）

相馬拠点の片づけ作業を行う筆者

農業復興支援のための研究活動

第1章 相馬市の農業復興における経営面からの支援研究

渋谷往男（国際バイオビジネス学科）

東日本大震災の発生時、筆者は前職のオフィスで農林水産省から受託した６次産業化人材育成プロジェクトのリーダーとして報告会を開催している最中だった。東北も含め各地からおいでいただいたお客様がおられたこともあり、帰宅せずに会議室の床に段ボールを敷いて仮眠をとった。

東京農大に着任したのは直後の2011年４月である。すぐに門間先生にお誘いいただき、「東京農大東日本支援プロジェクト」に参画した。着任後の初出張が５月１日からの相馬市となった。門間先生のリーダーシップの下で、まずは被災地の皆さんがどのような支援を望まれているのかを把握する必要があった。そこで、５月から農業者の方々へのヒアリング調査を重ねた。それ以来、私の東京農大での歩みは、東日本支援プロジェクトの歩みと重なっている。

震災から10年はあっという間に過ぎた。東日本支援プロジェクトに参画したのが青天の霹靂であれば、４年後にリーダーを仰せつかったのもまた青天の霹靂であった。10年間のもっとも大きな変化は、相馬の農地の復旧・復興である。震災直後は長期間海水が引かず、耕地としての復旧ではなく、施設園芸など土を使わない農業地帯にすべきではないかと思っていた。しかし、調査をしてみると、地元の方々には元に戻したい、という熱意が強いことがわかった。その熱意があったからこそ、元通りの豊かな穀倉地帯に再興することができたのではないかと思う。

10年を経て、農業者向け経営セミナーと６次産業化講習会を実施した。地震発生時に報告していた「６次産業化人材育成」を相馬で実施していることに不思議な縁を感じる。

1 相馬市農家の営農意欲調査

東日本支援プロジェクトとしての最初の目的は、被災地の農業復興における支援ニーズの把握であった。5月2日に立谷市長から東京農大教員15名に行われた説明では、TPPの議論など稲作農業の将来が不透明な中で、「農家は今まで通り農業を続けてくれるのか」が最大の関心事ということであった。そこで、我々国際バイオビジネス学科教員からなる農業経営班としては、被災した農家の生の声を聞き集めることにした。

農家ヒアリングは慣れていたが、当時の相手は被災者である。農業再開よりも生活再建が先であった。家を失った方もおり、仮設住宅でヒアリングをさせていただいたこともあった。ご自宅であっても壁にひびが入っていたり、屋根にはブルーシートがかかっているお宅もあった。今振り返ると、こうした状況で調査にご協力いただいたことに本当に感謝する次第である。

(1) ヒアリングによる営農意向調査

1) 実施方法

農家の被災状況や今後の営農意向などを確認するために、教員と大学院生、さらには福島県農業総合センターの研究員の方々と手分けをして市内の農家39戸に聞き取り調査を行った。内訳は、水稲農家が27戸、その他はイチゴ、ナシ、花きなどの農家であった。調査対象農家は当時のJAそうまからご紹介いただき、2011年5月～6月に集中的に実施した。調査結果のうち、数が最も多く全体的な傾向の把握が可能な、水稲生産者の回答を集中的に分析した。

2) 実施結果

稲作経営27名の方々の年齢構成は、60～64歳代が中心であった。続いてその前後の年齢階層が多く、最も若い方でも50歳以上であり、全国的な傾向と同様に相馬市でも高齢化していた。これらの方々の経営する水田面積は、1～3ha、3～5haの層がともに26%と多くなっていた。2010年の農林業センサスでは、相馬市の1経営体あたりの平均経営耕地面積は2.4haであり、調査対象はこの値よりもやや高くなっている。

続いて農業所得の状況をみると、市平均よりやや規模の大きな稲作経営をしていても前年の農業所得が200万円を超えている農家は26%しかいなかった。逆に所得がマイナスとなっている農家が30%も存在していた。被災前からこうした状況であり、高齢化の状況なども勘案すると農業復興のために新たな投資を行っていくことは困難であると想像された。

営農を継続する際に希望する営農方式を聞いたところ、個別営農方式は1/3にとどまった。残りは44%が集落営農方式、22%が無回答であった。これより、既に自力で営農を続けていくことが困難であることを認識していたと思われる。

被災した水田の今後の用途を聞いたところ、「水田に戻すべき」が8割近くに上った。調査当時は水田に海沿いの樹木や住宅などのがれきが多くたい積し、しかも海水が滞留し

表Ⅱ-1-1 被災した水田の今後の用途

選択肢	人数	比率
水田に戻すべき	21	78%
施設園芸など土を使わない農業用地にすべき	1	4%
農地への回復はやめるべき	2	7%
無回答	3	11%
合　計	27	100%

表Ⅱ-1-2 震災前後での営農意向の変化

	全体 n=27		水稲経営面積 5ha以上 n=11		水稲経営面積 5ha未満 n=16	
	震災前	震災後	震災前	震災後	震災前	震災後
規模拡大志向農業者	5	4	4	3	1	1
現状維持志向農業者	20	11	7	5	13	6
規模縮小志向農業者	2	6	0	3	2	3
離農志向農業者	0	3	0	0	0	3
わからない	0	3	0	0	0	3

ている状況にあった。こうした中でも元の通り水田に戻ってほしいという声が大きかった。

また、調査の主要な目的である震災前後での営農意向の変化を聞いたところ、全体的に現状維持志向が減少して、規模縮小や離農を志向する農業者が増えていることがわかった。これをさらに、水稲経営面積規模の大小で見ると、小規模農家ほど規模縮小や離農を志向する農家が多いことがわかった。

こうした営農意向と被災状況との関係をみたところ、自分の農地が海水に浸水していた面積比率よりも農業機械への被害が大きいほど規模縮小や離農を志向する農家が多いことがわかった。

３）調査結果からの考察

2011年の営農意向調査からは、相馬市内の稲作農家は高齢化が進んでいるとともに、稲作からは十分な所得が得られておらず赤字となっている農家さえいた。稲作農業は震災前から負担感を感じていたことが想像される。そうしたところで津波被害に直面し、全体に現状維持志向から規模縮小や離農を志向する農家が増加していた。特に５haを下回るような小規模農家にその傾向が強かった。さらに農業機械を失った農家ほどその傾向が強いこともわかった。

これらの結果から、相馬の農業を復興させるためには、集落営農的な農地の受け皿となる組織を作ることと、経営の規模拡大を図ること、農業機械の導入を支援することなどが必要であることがわかった。この結果を速報として地域に報告したのは2011年９月であり、11月には報告会で発表している。こうした取り組みがその後のヤマト福祉財団の資金による大型農機の導入につながっている。

（２）アンケートによる営農意向調査

１）実施方法

2011年度の営農意向調査は相馬市内各地区としたものの、水稲農家は27戸にとどまった。そこで、定量的なデータを取るために、2012年の７月～８月にアンケート調査を実施した。対象者は新田および程田集落の農家（農地所有者）とし、相馬市役所から208通郵送し、89通が回収できた。有効回収率は43%であった。なお、得られた結果をなるべく早く現場にフィードバックするために、９月に飯豊公民館で報告会を開催した。

２）実施結果

調査結果として特徴的だったことに、農業機械の残存状況がある。新田地区は相馬市内でも特に広範囲に被災した地域である。こうした地域では多くの農業機械が失われたことがわかっていた。これを数値化するために、トラクター、田植機、コンバイン、乾燥・調製機という水稲経営の主要な農業機械を対象に、震災前・後、さらに機械類の更新が必要と思われる５年後の予想を聞いた。結果は震災前の227台（100%とする）から震災後の135台（59 %）、さらに５年後予想の68台（30%）となり、震災前と比較して大幅に減少することが見込まれた。

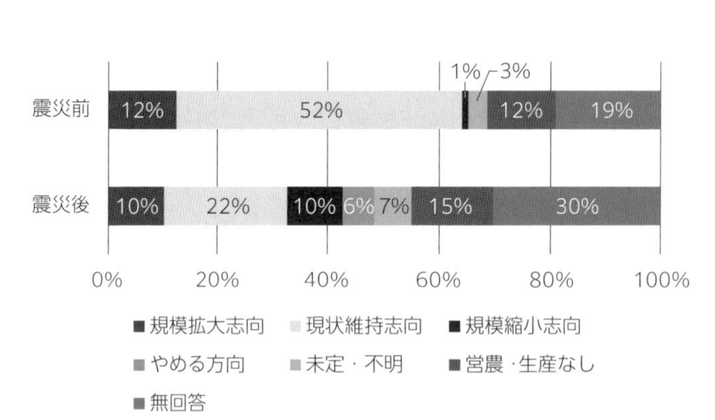

図Ⅱ-1-1　震災前後での営農志向の変化

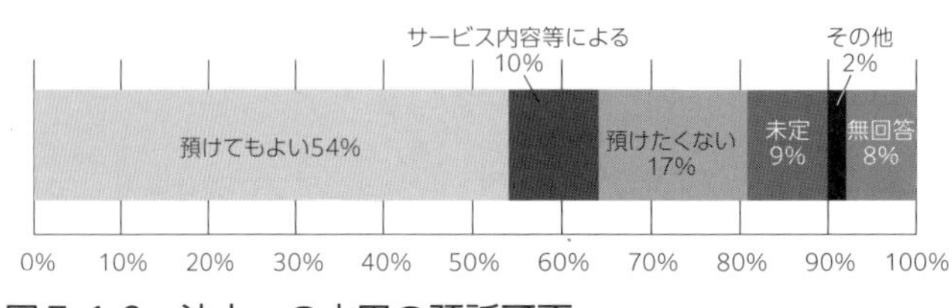

図Ⅱ-1-2　法人への水田の預託可否

震災前後での営農意向の変化は2011年のヒアリング調査でも聞いていた。しかし、大きな津波被災を受けた地区での変化をみることで、飯豊地域に設立されたばかりの３つの農業法人でどの程度農地集積が生じるかを予想できる。結果として、現状維持志向から規模縮小や離農志向が増加している傾向は同様で、震災後に規模拡大あるいは現状維持を志向している農家は1/3にとどまった。しかしながら、規模拡大志向がある農家が10%（９戸）は存在しており、今後の農業復興に期待を持てる面もみられた。

震災後に設立された農業法人への水田の預託の可否を聞いたところ、「預けてもよい」、「サービス内容・条件によって考える」の合計が64%となった。未定やその他、無回答などを合わせると83%が農地を預ける可能性があることがわかった。これを今回調査対象とした新田・程田集落の被災水田面積190haに当てはめると、約160haが潜在的に預託される可能性があることがわかった。

３）調査結果からの考察

調査対象地域全体では農業機械が失われただけでなく、５年後にはさらに減少することが見込まれる中で、ヤマト福祉財団からの大型農機の寄贈は非常に効果的であったことがわかる。また、営農意欲の減退傾向を考えると、設立されたばかりの合同会社飯豊ファームには農地の復旧工事の完成に伴って一気に農地が集積されることが予想された。このため、当時の４人という人員では到底耕作しきれる面積ではなく、農地受入の抑制や早急な人材の増強の必要があることがわかった。

（3）営農意向調査結果と現状の比較

2020年度には、新田・程田集落の農地は一部農地に戻さないとされた部分（防災林など27.3ha）を除いた169.7haの全てが復旧し、既に工事が完了している。飯豊ファームには85haの農地が集約され、しかも新田集落に集中していることで移動の時間も節約できている。さらに、大豆を中心としつつも、水稲（飼料米）、麦などを加えて作業時期の分散化を図ったこと、乾田直播栽培などの新たな生産方式を導入したこと、加えて、大規模な大豆乾燥調製施設を導入したことなど大規模経営に対応した体制を整えたことで、現有の６名体制で経営ができている。

2 民間企業による農業復興支援

筆者はかねてより長期的に日本農業を誰が担っていくのか、という点に問題意識を有しており、「企業の農業参入」の研究を続けてきた。

また、東日本大震災からの復興にあたっては、公助とされる政府からの支援だけではなく、大学、企業、NPO、ボランティアなどの共助といえる主体による支援も重要な役割を果たしてきた。そうした状況に鑑み、2013年度から民間企業による農業復興支援についての研究を始めた。その結果、企業による農業復興支援の効果や課題が明らかになった。

（1）企業による農業復興支援に関する文献調査

東日本大震災からの復興にあたっては、多くの企業から支援が行われた。その中には農業に対する支援も多かった。まずはこうした支援に関わる情報を新聞報道などの２次情報から収集・分類した。

事例収集作業では、50事例程度を収集し、客観的にみて復興支援と認められるものを選別し、最終的に31事例をリストアップした（**表Ⅱ-1-3**）。

これらの事例について、企業活動と農業との関連性から農業関連企業か否か、支援形態が直接支援かあるいは間にNPO法人や行政機関などを介した間接支援か、支援企業数からみて１社単独の支援か複数社が連携した支援かという３つの軸で類型化を行った。その結果、農業関連企業が直接支援を行っており、それが１社単独支援である場合を「パターンⅠ」、農業関連企業が直接支援を行っており、複数社が連携して支援している場合を「パターンⅡ」、農業関連企業が間接支援を行っている場合を「パターンⅢ」とした。パターンⅢは１社単独支援のみが見られた。さらに、非農業関連企業が直接支援を行っており、複数社が連携して支援している場合を「パターンⅣ」とした。この支援パターンごとに分析を進めた。

（2）企業による農業復興に関するヒアリング調査

企業の支援に対する考え方を把握するために、**表Ⅱ-1-3**の事例企業の中から４社を抽出して詳細なヒアリング調査を行った（**表Ⅱ-1-4**）。その結果、いずれも自社の利益はあくまでも付帯的な部分であり、基本的には被災した農業者や農業の復興支援が目的となっていることなどがわかった。

（3）行政関係者へのヒアリング調査

支援を受ける側として、岩手・宮城・福島各県の農業復興担当者に対するヒアリング調査を実施した。その主な結果として、支援には企業の支援と国の支援は双方の棲み分けがあるとしている。また、企業の復興支援は基本的に企業ができる範囲の支援を行うものであり、地域のニーズに対して実施する国の復興支援とは性格を異にする。このため、地域側としてニーズを強く出すようなものではないとの認識がある。こうしたことから、県からみると企業の支援は国の支援とは別のオプション的な位置づけであり、国の支援との補完関係も考慮されている訳ではない。

また、企業の場合は支援の姿勢として、純粋な支援と自社の営業活動という二面性があり、線引きが難しいとの意見がある。しかし、企業として何らかのリターンを求めることに否定的な意見はなく、むしろ企業の事業活動に積極的に組み込まれることで企業独自の復興支援になるとともに、純粋な支援に見られやすい一時的な寄付金よりも長期にわたって生産者の発展を支えるような効果が期待できるとしている。

表Ⅱ-1-3 東日本大震災からの農業復興における企業支援事例リスト

パターン	通番	企業名	業種	農業との関連性	支援形態	連携・仲介する企業・NPO等	単独連携仲介区分
パターンⅠ	1	豊田通商㈱	商社	○	直接		単独
	2	㈱サイゼリヤ	外食産業	○	直接	—	単独
	3	㈲蔵王グリーンファーム	農業生産法人	○	直接	—	単独
	4	㈱グランパ	植物工場開発	○	直接	—	単独
	5	ワタミ㈱	外食産業	○	直接		単独
	6	カゴメ㈱A	食品製造業	○	直接		単独
	7	㈱ローソン	小売業	○	直接	—	単独
	8	㈱南部美人	酒造業	○	直接	—	単独
	9	㈱ふるさとファーム	コンサルティング	○	直接		単独
	10	㈱スリーエフ	小売業	○	直接	—	単独
	11	㈱舞台ファーム	農業生産法人	○	直接	—	単独
	12	カゴメ㈱B	食品製造業	○	直接	—	単独
	13	カゴメ㈱C	食品製造業	○	直接		単独
パターンⅡ	14	大正紡績㈱	紡績業	○	直接	—	連携
	15	らでぃっしゅぼーや㈱	食品流通業	○	直接	キューサイ㈱等	連携
	16	東日本旅客鉄道㈱	輸送業	○	直接	各地の子会社、都道府県	連携
	17	㈱セブン＆アイ・HD	小売業	○	直接	食品企業等多数	連携
	18	オイシックス㈱	食品流通業	○	直接	（一社）東の食の会	連携
	19	カゴメ㈱D	食品製造業	○	直接	カルビー㈱、ロート製薬㈱	連携
パターンⅢ	20	㈱クボタ	農機具製造業	○	間接	㈲耕谷アグリサービス	仲介
	21	ヤンマー㈱	農機具製造業	○	間接	㈱フジテレビジョン	仲介
	22	ダノングループ	食品製造業	○	間接	（N）FAR-Net	仲介
	23	キリンビール㈱A	食品製造業	○	間接	（公社）日本フィランソロピー協会	仲介
	24	キリンビール㈱B	食品製造業	○	間接	（公社）日本フィランソロピー協会	仲介
	25	味の素冷凍食品㈱	食品製造業	○	間接	３つのNPO法人	仲介
	26	シンジェンタジャパン㈱	農薬・種子等	○	間接	（N）農商工連携サポートセンター	仲介
	27	ヤマトHD㈱	輸送業	○	間接	地域の公的団体	仲介
パターンⅣ	28	日本GE㈱	電気器具製造業	×	直接	㈱みらい	連携
	29	日本電気㈱	電気器具製造業	×	直接	㈱マイファーム，NTTドコモ	連携
	30	㈱亀山鉄工所	金属製品製造業	×	直接	企業・大学・行政のコンソーシアム	連携
	31	NTTドコモ㈱	通信事業	×	直接	㈱アミタ持続可能経済研究所	連携

（4）調査結果からの考察

本研究から以下の事項がわかった。第一に、震災からの復興において企業支援も重要な役割を持っていること、第二に企業による復興支援は４つのパターンに分けることができ、こうした支援パターンを理解・普及させることで、今後東日本大震災級の大規模災害が発生した際に、よ

支援内容の分類							本業の機能発揮	事業への参画	支援の概要	通番
農業経営	流通販売	人材提供	製品提供	資金提供	技術提供	その他				
○	○						○	○	大衡村で工場の廃熱利用でパプリカを生産	1
○						○	○	○	自社利用するトマトの生産を被災地で開始	2
○						○	○	○	名取市の被災農家を受け入れてチンゲンサイを生産	3
○							○	○	陸前高田市でドーム型植物工場を設置運営	4
	○	○		○			○	○	陸前高田市のきのこ会社へ出資･役員就任･購買	5
	○				○		○	○	岩手県、宮城県で加工用トマト契約栽培産地開拓	6
	○						○	○	福島産桃のジャムを使った菓子パンの開発・販売	7
	○						○	○	陸前高田市のゆずを使ったリキュールを開発・製造	8
	○						○	○	被災地で生産された「おまかせ野菜セット」を販売	9
				○					米の仕入先である相馬市農業への義援金拠出	10
					○		○	○	被災地で大規模施設園芸を行う生産法人を支援	11
					○		○		大規模施設園芸団地事業構想作成支援	12
					○		○		福島県で放射性物質の加工用トマトへの影響測定	13
	○					○	○	○	仙台市等で塩害に強い綿花を生産して製品化	14
	○					○	○	○	被災生産者の移住就農支援と農産物の買い取り	15
	○						○	○	首都圏主要駅エキナカで「応援産直市」を開催	16
	○						○	○	自社店舗でのイベントで東北の農産物・産品を販売	17
	○								被災地の生産者等と復興支援企業とのマッチング	18
		○		○					被災遺児の進学を支援する奨学金基金創設	19
			○		○		○		除塩対策の実証試験に技術面で協力	20
			○				○		フジテレビ田んぼ＋綿花プロジェクトで同社農機を貸与	21
				○	○		○		被災者による共同型酪農経営牧場の開設を支援	22
				○		○			東北大と東京丸ノ内での農業人材育成事業の支援	23
				○					被災３県の営農再開に資する農業機械の購入支援	24
				○					売上の一部を農業復興の３つのNPO法人に寄付	25
				○					宮城県でトマト栽培用の資材とビニールハウス他を寄付	26
				○					売上の一部を生活・農水産業再生のために寄付	27
					○		○	○	多賀城市で植物工場の実証実験を実施	28
					○		○	○	除塩技術とセンサー技術で農地復興を支援	29
					○		○		山元町でいちご農家の復興を新技術で支援	30
					○		○		米，薬草の生産流通支援	31

出所：各種報道より筆者がとりまとめ

り多くの企業が迅速かつ的確な支援を行うことが可能となると考えられる。第三に、企業による農業復興支援の特性として、企業活動と直結した支援活動ができる点であるが、直結させている企業とあえて切り離している企業があることがわかった。これは、復興活動と営業活動との境界があいまいになりがちであるため、復興支援に名を借りた営業活動と

表Ⅱ-1-4 農業復興支援企業へのヒアリング結果

	A社： 東日本が基盤の 鉄道業	B社： トマト加工品等 食料品製造業	C社： 外資系 乳製品製造業	D社： 宅配便運送業の 関連財団
支援の効果	■風評被害の緩和 ■販路の確保	★企業イメージの向上 ★社員の誇り喜び（当然ながら被災地復興への効果は認められる）	■被災酪農家の帰農促進 ■新規就農者の確保 ■酪農の大規模化の実現 ★社員のモチベーション向上 ★社員の現場研修の場	（予期せぬ効果） ★社員の誇り向上 ★各界からの評価によるブランド力の向上 ★宅配便利用客の増大

注：■は被災地農業復興への効果、★は自社内の効果を示す

受け取られることで企業のイメージダウンなどのマイナス面の可能性も秘めていることなどが背景にあると推察された。

こうした企業特有の支援の性格の違いや特性を認識することで、企業としては支援の姿勢をより明確化して地域側やステークホルダーに説明できるとともに、行政や地域側では企業支援を迅速かつ効果的に受け入れやすくなると思われる。

3 津波被災地域に設立された農業法人の成長戦略

福島県、宮城県の太平洋沿岸の水田地帯には大規模な農業法人が数多く設立された。農地の復旧工事が進むにつれて、稲や大豆の生産は震災前のように行うことができてきた。しかし、水田農業は震災前から経営的に厳しく、単に規模拡大したからといって、従来からの収益性の低さを改善できるわけではない。こうした農業法人の構成員の多くは従来からの農家であり、震災から10年を経て一層の高齢化が進んでいる。農業経営を永続させていくためには、農業法人の経営成長を図り、若手にも魅力的な経営にしていく必要がある。

（1）稲作法人の成長戦略

稲作においては100haを優に超えるような大規模な法人が全国に生まれており、規模が大きいだけではなく、しっかりとした成長戦略を有している。こうした先進的な稲作法人の経営を分析することにより、成長戦略のパターン化を試みた。具体的には、北陸地方および関東地方の法人で農業分野の全国的な表彰を受けているような大規模経営４社（H社、Y社、B社、R社）を対象に詳細なヒアリング調査を実施した。

その結果、いずれも全国表彰されるような先進的な稲作法人であっても、図Ⅱ-1-3に示すように、経営理念軸として経営成長を重視しているのか、経営の継続を重視しているのかという方向性、および経営戦略軸として６次産業化を進めているのか、稲作単体で経営しているのかという方向性によって、４つのポジションに分けることができた。

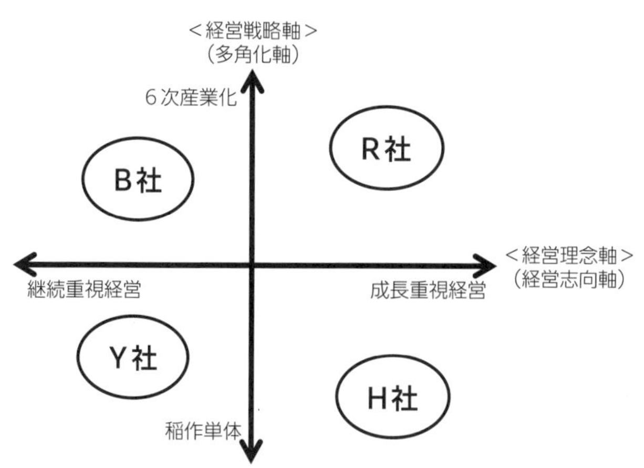

図Ⅱ-1-3　先進的稲作経営体の経営戦略ポジショニング

（2）津波被災地域でめざすべき成長戦略

相馬市でも100ha規模の農業法人が生まれており、現状のポジションを確認するとともに、中期的な経営戦略の方向性を考察した。

相馬市内の農業法人はいずれも、農地の受け皿としての性格が強く、経営成長を目指すよりも継続性を重視している。また、稲、大豆、麦などの生産に特化しており多角化の実態はない。こうしたことから、現状

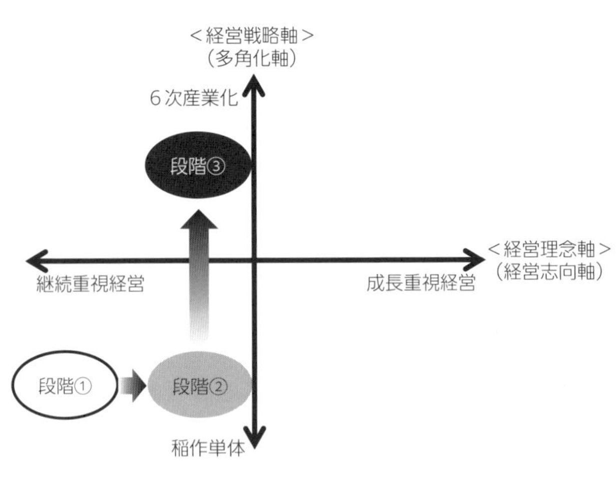

図Ⅱ-1-4　相馬市の水田農業法人の成長戦略
出所：筆者作成

では図Ⅱ-1-4の段階①のポジションにあるといえる。

次の段階としては、米、大豆、麦などの生産に特化しつつも、業務用途など販売先の工夫により、顧客指向型あるいは消費者指向型の生産に徐々に移行していくことが望まれる（段階②）。顧客の要望次第では、品種の変更など生産面で若干の変更が生じる可能性もある。また、外部の主体との交渉の経験も徐々に積んでいくことができる。

さらに、次の段階③としては、難易度の低い1次加工機能などを導入し、無理のない範囲で6次産業化を進めていくことが望まれる。また、一部は自社ブランドでの商品化も目指す。これにより顧客指向型、消費者指向型経営をさらに進めるとともに、6次産業化に対応したパート、アルバイト等の導入も図り、組織だった経営に移行していくことが可能となる。東日本支援プロジェクトの2018年度の筆者の報告で上記のような方向性を示していた。

（3）飯豊ファームの大豆6次産業化シナリオ

1）純国産大豆プロジェクト

相馬市では農業復興のきっかけとして、2011年にヤマト福祉財団 の「東日本大震災生活・産業基盤復興再生募金」事業に「農地復旧復興（純国産大豆）プロジェクト」で応募した。その結果、総額3億円の大型農業機械が３つの農業法人に導入された。このプロジェクトでは津波被災した相馬市の農地で大豆を生産して６次産業化を目指していた。また、農業の成長戦略として６次産業化があり、政府も強力に支援している。

従来の６次産業化の取り組みは必ずしも成功しているものばかりではない。しかし、６次産業化を進めることで、消費者ニーズを意識するようになり、生産するだけの農業から消費者を想定した農業に変化することが期待できる。そこで、リスクの低い方法で６次産業化に取り組むことができれば、６次産業化推進のきっかけになり得る。

２）大豆６次産業化に向けた販路の開拓

飯豊ファームでは大豆生産が中心であり、2019年度では50haの作付けで62t程度の収穫を見込んでいた。反収は125kg程度となっており、当地域の標準的な収穫量といえる。しかし、10月に発生した台風19号などによって圃場が浸水し、収穫は15t程度にとどまった。なお、台風被害のない2020年度は例年通りの収穫を見込んでいる。

従来は全量をJAに出荷しており、その先は大豆専門商社に卸しているが、その先の流通経路は把握できていない。なお、収穫した大豆はかつて放射能のサンプル検査を行っていたが、検出されたことは一度もなく、現在、検査は終了している。

飯豊ファームとしては、大豆の６次産業化は当初から念頭にあったものの、生産に忙しいとともに経験や販路がないことから、手をつけられずにいた。

そうしたところに、東京農大のOBが経営する食品企業Ｓ社が自社の大豆製品の原料を国産に変更したいという希望があった。そこで両者のニーズが一致したため、2019年産の大豆１tを試験的にS社に販売した（後に２tを追加）。S社では、購入した大豆を自社製品として加工したところ、非常に良い結果となった。そこで、翌年度も引き続き取引を継続する方向となった。2018年度に描いた**図Ⅱ-1-4**の経営戦略のポジショニングマップでは、①から②の段階に移行したことになる。

3）試作的な加工機能の導入

大豆は極めて加工特性の高い農産物であり、６次産業化の対象としても取り上げられやすい。多くの大豆由来食品の中でも、煎り大豆やきな粉など焙煎を経る利用法は製品の保存が利くため、日々作り続ける必要はない。むしろ、冬季で農作業に余裕ができる時期の付加的作業であり、水田農業の副業として適している。

写真Ⅱ-1-1　大豆の焙煎機（左）と製粉機（右）

また、先述のS社では大豆加工品として、煎り大豆を原料にした「みそ大豆」を製造している。この原料大豆を相馬産に切り替えることができれば、一定の販売量を見込むことができる。そこで、福島イノベーション・コースト構想推進機構の復興知事業を活用して、パイロットスケールでの大豆焙煎機と製粉機を導入し、相馬産大豆の加工可能性を検討することとした。

4）大豆加工品の試作

2020年８月に焙煎機と製粉機を導入し、８月から11月にかけて相馬産大豆から煎り大豆ときな粉の試作を実施した。焙煎工程で加熱条件、放冷時間等を変えて試作し、きな粉製造に適した温度帯と焙煎時間、放冷時間などを検討した。また、煎り大豆を製粉機で粉砕し、きな粉の製造も試みた。その結果、約200℃で30～25分間焙煎し、３時間以上は放冷するという条件を見いだすことができた。しかし、外気温や元になる大豆の含水率などの条件などは変動要因となってくると考えられ、今後も試験を続けていくことが必要である。

飯豊ファームでは2018年産は、大豆生産と乾燥（＋選別）作業までを自社で行い、その後は全量JAに出荷していた。2019年産では試行的に３tをS社に販売し、販路を広げた。2020年産では、大豆をS社に販売するとともに、焙煎後の大豆とさらに粉砕して製造したきな粉も販売する計画である。このように、当初の純国産大豆プロジェクトで想定した大豆６次産業化は徐々に実現しつつある。

これまで示したように、相馬市の津波被災農地は震災直後には農業の再開自体が危ぶまれていたものの、10年を経て企業や国からの支援により農業生産が復活するとともに、経営面でも成長戦略を歩みつつあるところとなった。今後はさらなる10年後を目標に、次の世代を担う経営人材の育成が課題といえよう。

【引用文献】

渋谷往男・山田崇裕・ニャムフー バットデルゲル・ルハタイオパット プウォンケオ・新妻俊栄・薄真昭・門間敏幸（2012）：「東日本大震災被災農家の営農継続意向とその要因についての考察」，『農業経営研究』，第50巻，第２号，pp.66-71.

渋谷往男・山田崇裕・門間敏幸（2013）：「津波被災地域における農業法人化の動きと課題―福島県相馬市を対象として―」，『農業経営研究』，第50巻，第４号，特別セッション論文4，pp.87-90.

Yukio SHIBUYA and Takahiro YAMADA: (2014) Study on Corporate Support Initiatives in the Reconstruction of Agriculture following the Great East Japan Earthquake, Journal of Agriculture Science, 59 (2) pp.99-113.

Interview

農業を魅力的な職業にしたい

合同会社飯豊ファーム　代表取締役　**竹澤一敏**

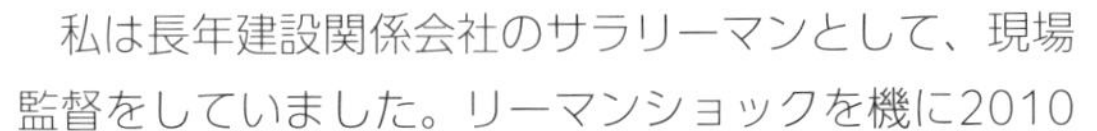

私は長年建設関係会社のサラリーマンとして、現場監督をしていました。リーマンショックを機に2010年９月に会社を辞めて、実家に戻って専業農家でやってみようと準備をしていたところに東日本大震災と原発事故が発生しました。その後、自宅の農業もできないので復興組合などで仕事をしていました。そして合同会社飯豊ファームの発足の時に役員として加わり、２年後に代表になりました。飯豊ファームでは新田・程田集落の農地で、2020年は85haの規模で大豆50ha、小麦20ha、飼料用の水稲15haなどを生産しています。出荷先はほとんどすべて農協です。

東京農大でお世話になっているのは、基本的に農業経営分野の先生で、初めは門間先生、次に渋谷先生ですね。法人設立当時、生産はなんとかできると思ったのですが、会社として経営していけるのか、ということが最大の課題でした。具体的には、将来農地がどの程度集積されるのかに関心がありました。そこで、渋谷先生のアンケート調査が役立ちました。結果は自分で農業をやる、という人は17%しかおらず、それ以外の水田が隣の程田集落を含めて非常にたくさん集積されるだろう、という結果が出ました。

そこで、津波被害が軽かった程田集落の半分は当社の農地集積対象から外させてもらいました。もしアンケートの結果がなくて農地の範囲を程田集落まで広げていたら、農地面積がいきなり50ha、80haと広がるとともに、新田集落と両方になり、農地が分散することで効率が悪くなって、当時の限られた人数ではやりきれなかったですね。

東京農大さんに対してはお世話になりっぱなしで感謝しかありません。教えていただいたことが役に立っています。震災以前のように個人的な経営規模で農業をしていたら、学術的な研究をなさっている方々とは接点がありませんでした。私自身農業の勉強はしたことがなく、家業の農業を親世代と同じようにやろうとしか思っていなかったんです。

震災後10年での法人の課題は、まずは農業生産で収穫量を上げることですね。福島県では２年３作を推奨していますが、我々は人員の割に水田面積が大きいので、各作物とも１年１作としています。このため、反収が県平均より高くなくてはいけないのです。次に主力作物の大豆について、きな粉などの１次加工品として早く販売できるようにすることです。東京農大さんにご紹介いただいた株式会社ソーキさんという食品会社とつながることができましたので、１次加工品をソーキさんに納品しつつも、自分たちでも細々とでも販売できればと考えています。最後がこの会社を担っていけるような後継者を育てたいということです。これまで経営を確立させることで手一杯で、後継者のことはあまり考えていなかったのですが、いま会社にいる次の世代に引き継げればと思っています。

日本の農業はあまり明るい未来が見えませんが、田舎のまちにとって農業は大事なインフラ産業の一つと考えています。それが衰退するということはまちが成り立たないということです。国がある程度の支出をしてでも農業は維持していく必要があるとともに、私たち自身も地域外に出て行った人たちが戻って就農したくなるような魅力的な職業にしないといけないと思います。その意味でも６次産業化を成功させなければいけないと思っています。

東京農大への期待としては大学生の方達が何度も来てほしい。そこで、地域の人とふれあってもらい、福島で農業やビジネスをやってみたいと思ってもらえればいいと思います。また地元から東京農大に入学してUターンで戻ってくる人が出ると嬉しいですね。先生方にはこれからの農業のビジネスはこうやるのだ、ということを教えていただきたいと思います。

学生に大豆乾燥施設を説明する

第2章 消費者の調査からみる風評被害

半杭真一（国際バイオビジネス学科）

1 風評被害はあったのか

原発事故が福島県産の農産物消費に与えた影響を研究している、というと、いろいろな立場の人に会う。ある人から「風評被害はあったと思われますか？」という質問を投げかけられたことがあるが、筆者はこの質問に踏み絵のような印象を受けた。

風評被害はあったのかそれともなかったのか、福島県産は売れていないのか、消費者が買いたくないのか、流通業者が扱わないのか、補償は誰にどんな影響があるのか。「あった派」と「なかった派」に分かれるような議論はあまりに雑であると思われるし、一方で震災による原子力災害が社会に混乱をもたらしたことは間違いない。さらに、さまざまな側面を有するこの混乱について、一概にその内容を語ることは困難である。筆者は先述の質問に対してもこのようなことを答えたと記憶している。

2 「風評被害」をめぐって

「風評被害でなくて実害」という言い回しがある。関谷[1]は、風評被害を「ある事件・事故・環境汚染・災害が大々的に報道されることによって、本来『安全』とされる食品・商品・土地を人々が危険視し、消費や観光をやめることによって引き起こされる経済的被害」と定義している。また、原子力災害による損害に関して和解の仲介や損害の範囲を判定する原子力損害賠償紛争審査会においても、「報道等により広く知らされた事実によって、商品又はサービスに関する放射性物質による汚染の危険性を懸念した消費者又は取引先により当該商品又はサービスの買い控え、取引停止等をされたために生じた被害を意味するものとする。」と定義が示されている。

つまり、これらの定義に基づけば、風評被害は報道の関与が経済的な被害をもたらすものであり、風評被害は実際に被害をもたらすものなのである。本章では、実際の被害としての経済的被害がどのようにもたらされるのか、震災前からの福島県の農業をふりかえるとともに、2016年と2020年に行った２つの調査結果を通じて考えたい。

3 福島県の農業を振り返る

（1）農業産出額からみる福島県農業の姿

福島県の農業産出額の推移を**図Ⅱ-2-1**に示した。高度経済成長に伴って拡大してきた産出額がピークを迎えるのが1985年であり、その金額は4,000億円に達している。その後、米価の低迷に伴って産出額は減少し、震災前は2,500億円をやや下回る水準で推移し、福島県においては農業産出額2,500億円の回復が目標となっていた。

内訳をみると、コメが４割程度と高く、そのほか、果物の割合が比較的高いといった特徴があるのが福島県の農業であった。いかに価格の低迷するコメを脱するか、という目標のなか、振興された部門が園芸であった。

（2）「ふくしまの恵みイレブン」と生産振興

福島県が、農業や林業、水産業を振興するにあたり、販売を中心に推

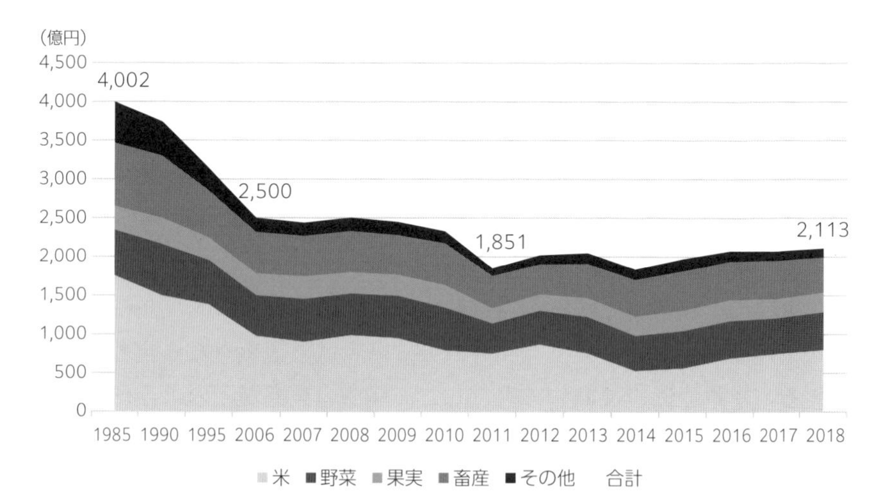

図Ⅱ-2-1　福島県の農業産出額の推移
出所：農林水産省「生産農業所得統計」の累年データ

進する品目を定めた事業が「ふくしまの恵みイレブン」である。2010年に、全国での生産量や市場シェアが高い品目である、コメ・キュウリ・トマト・アスパラガス・モモ・日本ナシ・リンドウ・福島牛・地鶏・ナメコ・ヒラメが選ばれた。

（3）浜通り地方における取り組み

原発事故の影響を強く受けた浜通りは、海と山に挟まれた地形であり、冬期も比較的温暖で降雪も少ない。こうした特徴を活かすべく、震災前の浜通りにおいては園芸を振興する「グリーンベルト構想」が施策的に進められ、こうした園芸の振興に併せて、加工・業務用野菜の取り組みも模索されていた。また、浜通りにおける農業のもう一つの特徴として、特に双葉郡で有機農業が推進されていたことがある。これは、当時、福島県知事であった佐藤栄佐久氏のトップダウンによって、ポスト原発の作業として有機農業が位置づけられた結果であった（菅野[2]）。

浜通りはまた、畜産も盛んであり、かつて馬産地であった阿武隈山系では和牛の繁殖が、標高の低い土地では酪農が営まれ、地域の農業を特徴づけていた。さらに、相馬原釜や請戸の漁港から水揚げされる豊かな「近海もの」にも恵まれ、山で採れたイノハナやタラノメといったキノコや山菜が食卓に並ぶ食生活のあった土地で、震災と原発事故が発生したのである。

4 2016年の消費者意識調査

（1）背景と課題

この研究を行った背景として、発災後５年を経て福島県産農産物に対する消費者の意識がどのように変化したのかを知りたいという動機がある。2016年は、発災後５年を経過し東日本大震災と原子力発電所事故の「風化」も懸念されていた時期でもあった。また、予期せぬこととして４月に熊本で大規模な地震が発生した年でもある。この時点での消費者の忌避がどの程度のものであり、「風化」がどれほど進んでいるか、生産者や出荷団体が積み重ねてきた放射性物質に関するデータがどの程度伝わっているのか、考察するのがここでの課題である。

放射性物質の検査に関する意識や産地による忌避意識については、消費者庁の「風評被害に関する消費者意識の実態調査」により継続的な調査が行われている。この調査は、消費者庁が風評被害の意識調査として行っているものであり、忌避意識についても具体的な品目や価格の要素が鑑みられていない。本研究では、原子力災害を意識させるかどうかという点と、流通の実態を考慮した産地選択を行う点に留意し、調査デザインを行った。

（2）調査デザイン

1）原子力災害に関する情報がどう影響するか

時間が経過することで、震災の記憶の風化は進むものと考えられる。そこで、調査段階で原子力災害に関する調査であるという情報を与えることの効果について検証する。

これについては、原子力災害に関する調査において行われる、回答者が回答の続行を望まない場合に回答を中止できることを伝え、調査に協力する意思を問う「パーミッション質問」を産地選択の前後いずれかに置くことで操作する。試験区は情報を与えない場合であり、農産物の産地選択を行った後にパーミッション質問を置き、その後、原子力災害に関する質問をすることとし、対照区はパーミッション質問をはじめに行った後に農産物の産地選択を行うことによって、情報を与える操作を行った。なお、農産物の産地選択については原子力災害と無関係であるため、パーミッション質問を省く操作を行っても倫理的な問題はない。調査は、2016年６月に福島県・関東・関西に居住する成人男女（国勢調査に基づき割付）を対象として行った。サンプルサイズは1,889（福島県635、関東630、関西624）である。

2）農産物の産地選択

消費者の農産物に対する選択行動を分析するにあたり、福島県が関東や関西といった遠隔消費地においても高い市場シェアを獲得している品目であるキュウリとトマトを用いる。また、産地については福島県、福島県と県境をもつ隣接県、福島県から離れた遠隔県の３つに設定し、それぞれキュウリでは福島、群馬、高知、トマトでは福島、茨城、愛知を選定した。産地以外の属性としては、特別栽培あるいは慣行栽培という栽培方法および価格とした。これらの商品属性を持つ商品を直交計画法により設定し、遠隔県と隣接県と福島県という３つの産地の選択肢を固定し、一つを選択するラベル型の選択実験とした。

3）現状認識の地域差

食品中の放射性物質に関する２つの数字を質問することによって、回答者が現状をどのように認識しているのか確認する。回答は数字を自由に答える形であり、質問のワーディングは結果の**表Ⅱ-2-2**を参照されたい。

4）検査結果に対する反応

ここでは、食品中の放射性物質にかかる検査結果を提示することで福島県産農産物に対する意識がどう変化するか、また、回答者の知識により検査結果がどう受け止められているかを確認する。検査結果については、概要を文章で示し、加えて、キュウリ・トマト・モモの検査結果のグラフおよびモニタリング情報を知ることができる「ふくしま新発売。」のURLを画面に表示させた（**図Ⅱ-2-2**）。この検査結果について、検査が行われていることの知識と、検査の知識に対する自己評価を問うている。

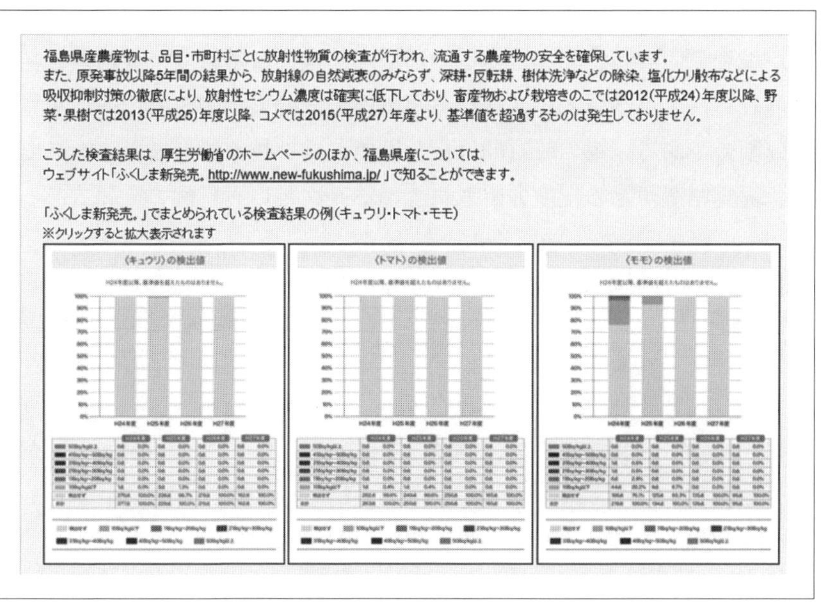

図Ⅱ-2-2　提示された放射性物質の検査結果

出所：調査画面のスクリーンショット

（3）結果と考察

原子力災害に関する調査であるという情報を与えることの影響とそのほかの要因が産地の選択行動にどのような影響を与えるのか、選択実験の結果を条件付きロジットモデルにより分析した結果を**表Ⅱ-2-1**に示す。

産地の選択については、遠隔県を基準として、隣接県と福島県がどのように選択されるか、というモデルで分析を行った。キュウリ、トマトとも、遠隔県に対して、隣接県、福島県が産地として忌避される傾向にある。原子力災害に関する調査であるという情報が与えられなかった場合、キュウリにおいて福島県の選択割合がわずかに高まる。また、キュウリ、トマトの品目を問わず、居住地について、福島県居住者は福島県産を選択する傾向があり、関西居住者は、隣接県を選択しない傾向であった。

次いで、現状認識について数字で答える質問への応答を**表Ⅱ-2-2**に示す。第一の質問の基準値を超える割合の見積もりについては、実態よりもかなり多い数字となっている。地域別には、日常的に検査結果の数字に触れる機会が多いと考えられる福島県で、関東と関西に比べて有意に低い割合である。第二の質問は、全国での買い控えを見積もるものであり、福島県産がどの程度忌避されているか、という意図の質問である。

表Ⅱ-2-1　条件付きロジットモデルによる推定値

	キュウリ	トマト
福島県	−1.345***	−1.339***
隣接県	−0.170*	−0.357***
価格	0.033***	−0.013***
栽培方法	−43.684	0.170***
情報なし*福島県産	0.443***	−0.073
情報なし*隣接県産	0.083	0.086
福島県居住*福島県産	0.237**	1.984***
福島県居住*隣接県産	1.913***	0.041
関西居住*福島県産	−0.104	−0.427
関西居住*隣接県産	−0.591***	−0.396***
対数尤度	−4246.6	−4282.6
McFadden's rho	0.304	0.296
尤度比検定	3708.6	3596.3

注：推定値について、*は5％、**は1％、***は0.1％水準で0と有意な差があることを示す。

表Ⅱ-2-2　現状認識の地域差

質問	3地域	居住地別
福島県産農産物の放射性物質を検査すると、検査結果の（　　）%程度から基準値を超える放射性物質が検出される。	15.0	10.6[a] 17.0[b] 17.4[b]
全国の消費者の（　　）%程度が福島県産を買い控えている。	42.0	44.8[b] 40.1[a] 41.1[a]

注：居住地別は上から福島県、関東、関西であり、有意水準５％で差があるものには異なる符号を付した。

第一の質問と同様に地域差があるが、ここでは福島県が有意に高い。つまり、福島県民のほうが福島県産は忌避されていると考えていることを示しており、自らの産地が、実態以上に忌避されていると考えているという結果であることを強調しておきたい。

表Ⅱ-2-3に、食品中の放射性物質の検査が行われていることと、その結果についてどれだけ知識があるかを質問した結果を示す。この結果には大きな地域差があり、福島県においては９割を超える回答者が、検査が行われていることを知っていると回答している。また、福島県の回答者は検査結果の自己評価についても「よく知っている」と26%が回答している。検査体制を実際に目にする機会も多い福島県では、他の消費地に比べて検査について周知されていること、また、住民もそれを自覚していることがわかる。

この検査に関する情報提示が消費者に与える影響について、情報提示の前後で同じ質問を行い、回答が変化するか検討した。質問は、「福島県産は他の産地に比べて一般的に美味しいと思う【美味しい】」、「福島

表Ⅱ-2-3　検査と検査結果に対する知識（%）

	知らない	知っている	検査結果について			
			まったく知らない	あまり知らない	少し知っている	良く知っている
福島県	3.5	96.5	3.9	22.8	43.8	26.0
関東	13.8	86.2	14.4	47.1	22.2	2.4
関西	16.5	83.5	15.9	46.3	18.9	2.4
３地域	11.2	88.8	11.4	38.7	28.4	10.3

県では放射性物質に汚染された農産物が食べられている【汚染されている】」、「福島県産については検査されているので他県産よりも安全だと思う【他県より安全】」、「福島県内の生産者や出荷団体から消費者へは情報提供がされている【生産者から情報】」、「福島県産については放射性物質の検査は十分に行われていない【検査不十分】」、「福島県内の生産者は放射性物質に対応した栽培を行っていると思う【対応した栽培】」、「福島県産の流通は、震災前の水準に戻っていると思う【流通が戻る】」の７つである。この質問に対して、１：「そう思わない」、２：「あまりそう思わない」、３：「どちらともいえない」、４：「ややそう思う」、５：「そう思う」の５件法により得た回答について、検査結果の提示前後の差を示したのが図Ⅱ-2-3である。

結果の提示後、プラスに転じたものとして【美味しい】【対応した栽培】が挙げられる。反対に、マイナスに転じたものは【汚染されている】【生産者から情報】【検査不十分】の３つの質問である。このうち、【汚染されている】と【検査不十分】については、検査結果の提示により、食品の放射性物質による汚染が低い水準に抑えられていること、検査が十分に行われていることについて、回答者の理解が深まったためと考えられる。意図したとおり、食品中の放射性物質の検査に関する情報を伝える

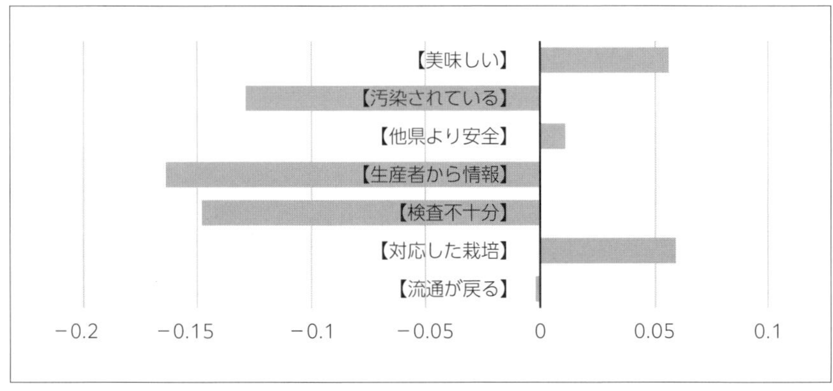

図Ⅱ-2-3　検査結果の提示の影響（提示前と提示後の差）

ことによって、消費者の意識が変化することが明らかになった。
一方、【生産者から情報】もマイナスであることは、こうした消費者の安心につながる情報が届いていないことに対して、その責めが生産者や出荷団体にあると回答者が感じていることによるものと考えられる。放射性物質が検出された、という報道はセンセーショナルになされるが、いつも通りに大多数が検出されないことは報道されにくい。生産者や出荷団体からの情報発信には限界があるため、本来報道が果たすべき役割である、広く知られるべきことが伝えられていないのではないだろうか。
検査結果の提示については、文章によるものに加え、キュウリ、トマト、モモについてはグラフによって、また、ウェブサイト「ふくしま新発売。」のハイパーリンクによって、回答者はより詳細な情報を得ることができる。すなわち、検査について情報がない回答者は任意に情報を得ることができる。**表Ⅱ-2-4**には、これらの閲覧が行われた割合を示した。グラフで示した品目については、いずれも2割台の水準で、ウェブサイトへのリンクは1割程度が閲覧していた。これを、放射性物質の検査が行われていることを知っているかどうかによって比べた結果を併せて示した。検査の知識がない回答者がより詳しく知ろうとするのではなく、検査の知識がある回答者がより詳しい検査結果を閲覧する傾向であった。
ここで、検査に関する知識の自己評価と、検査結果の見積もりを組み合わせた結果を**図Ⅱ-2-4**に示す。検査結果をよく知っていると自己評価している場合、検出割合は低いという実態を知っているため、検査結果を知らないと自己評価している回答者に比べ、検出結果を低く見積もる

表Ⅱ-2-4　検査知識と結果の閲覧（%）

	全体	検査の知識	
		知っている	知らない
キュウリ	23.2	24.6	12.3
トマト	25.4	26.5	17.0
モモ	21.8	23.0	12.3
URL	10.1	10.4	7.5

注：URLは「ふくしま新発売。」のウェブサイトである。

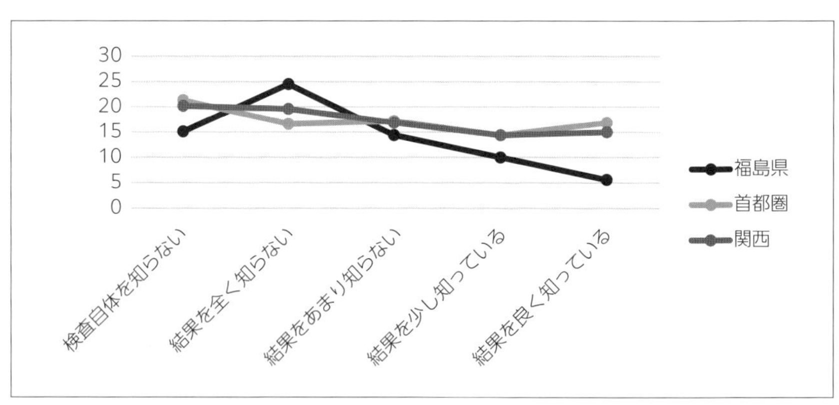

図Ⅱ-2-4 検査知識と結果の見積もり（%）

出所：半杭[3]

ものと考えられる。福島県のサンプルについてはこうした傾向があるが、関東と関西では検査知識の見積もりがあまり変化しておらず、関東では、結果をよく知っていると回答しているサンプルにおいて、むしろ検出割合が増加している。これも、事実に基づいた情報ではなく、不正確な情報にたどり着いた回答者が自分は良く知っている、と考えていることを示唆しており、客観的なデータを社会が共有することに失敗していることを示す結果と言えないだろうか。

5 2020年の直売施設調査

（1）調査デザイン

調査対象は「浜の駅 松川浦」である。この施設は、相馬市や地元水産加工業者などによる官民合同会社「相馬市民市場株式会社」によって運営されている。2020年10月25日に新たにオープンした施設であり、水産物を主要な販売品目として位置づけている特徴を消費者の評価を通じて評価する。

行った調査は3つである。観察による滞在時間調査、対面による質問紙調査、予め準備された被験者を対象としてアイトラッカーを用いた視野と視点の調査である。調査期日は2020年11月8日（日）と9日（月）であり、実査はマーケティング研究室半杭ゼミが行った。

観察による滞在時間調査は、来場者が水産物の売り場に入店後どれだけ滞在したかを時間の割合で図るものである。系統抽出法によるサンプリングを行い、休日は58名、平日は23名について、入店からレジまでの間の時間を計測した。質問紙調査は、質問項目として、①農産物直売所の利用状況、②「浜の駅　松川浦」の利用経験、③農産物直売所で購入する品物とそのイメージ、④普段の農産物の購買先他であり、系統抽出法により回収したうち302件が有効回答であった。アイトラッカーの調査は、女性の被験者8名について、入店後の水産物コーナーの注視を分析する。

（2）結果と考察

滞在時間調査の結果、休日の売り場での総滞在時間は平均12分39秒であり、平日は14分31秒であった。そのうち、水産物売り場での滞在時間は、休日で7分29秒（売り場全体の59%）であり、平日で8分09秒（56%）であった。休日は入り込み客数も多く、平日のほうが長い結果となったと思われる。水産物の割合は休日と平日で大きな変化はない。

質問紙調査の結果、来店者の82%が初めての来店であり、居住地は、相馬市内が19%、福島県内が54%、県外が27%であった。

アイトラッカーについて、店舗入り口での注視を示すゲイズプロットを**写真Ⅱ-2-1**に示す。売場のなかでも水産物コーナーに注視が集中し、水産物へ関心が向いていることが示唆される。

そのほか、アイトラッカーに記録された映像に基づく発話プロトコル分析では、「丸の魚よりもすぐ食べられる方が良い」「スーパーで行って

写真Ⅱ-2-1　店舗入り口における注視の状況を示すゲイズプロット

注：丸は注視した場所であり、数字はその順番を示す。

いるような切り身にするサービスも欲しい」といった要望が聞かれた。

6　福島県の被災地における農業

地震と津波と原子力災害という複合災害がもたらした爪痕はあまりに大きい。被災地の課題が持つ難しさの一つとして、強制避難が解除される時期がずれたことによって地域ごとに全く異なる課題を抱えることになったことを挙げたい。例として、相馬市では強制避難を経験していないため、津波の影響が大きかった沿岸部の農地を集積して法人化するという経営の課題に取り組んできた。一方、強制避難を経験した南相馬市の一部と双葉郡では、それぞれ全く異なる復興のフェーズにあり、中間貯蔵施設のための土地収用といった要因も営農再開への障害となっている。

2011年、福島県職員であった筆者は流通の調査で訪れた関西地方の卸売市場で「絶対やめるな。作り続けろ」と力づけられた。西日本でも農業者の高齢化は進んでおり、果菜類の産地としてこれから福島は必ず必要になる、ということであった。科学的に安全なものを作り続ける限り、福島の農業には価値がある。震災後、たくさんの無名の農家が質の高い農産物をつくり、消費者が意識せずとも消費地の胃袋を満たしているのが福島県の農業の事実だ。

10年間という時間はあまりに長かった。流通や消費は常に変化し続けており、震災前とは農産物流通をめぐる環境が様変わりしている。強制避難を強いられた地域においては、すでにずいぶん前を走り続けている他の産地に対して、スタートラインを大きく後ろに下げられての競争を強いられる側面もある。生産のみならず生活の場としての農村に目を向けても、破壊されたとしか表現のしようがないと感じることもある。しかし、どんな場所であっても、望む所得が得られる経営ができれば、職業として農業を選択する人はきっと出てくる。研究であっても売り上げを意識し、持続的な経営のできる農業のかたちを目指すべきである。筆者も引き続きその手伝いができればと思う。

【引用文献】

[1] 関谷直也(2003)「「風評被害」の社会心理:「風評被害」の実態とそのメカニズム」『災害情報』(1), 78-89.

[2] 菅野雅敏 (2008)「有機農業推進における福島県の取り組み」『東北農業研究センター農業経営研究』(26), 61-73.

[3] 半杭真一 (2017)「食品中の放射性物質に関する知識と消費者の意識:知識を有する忌避層の存在とアプローチの検討」『フードシステム研究』24 (3), 215-220.

Column

直売所と私

国際バイオビジネス学科卒業　今井梨絵

私はこの研究を行う前に、プライベートで数回程直売所に行き、商品を購入した経験があった。直売所には、いつでも新鮮で普段スーパーで買えるような野菜だけではなく、珍しい農産物も売っているというイメージは、今回調査した直売所でも同様に感じた。

今回の研究では、20歳以上の一般の女性の方、数名に協力して頂き調査を行った。消費者が店頭ではどのように考え、どのような視点で商品選好を行っているのかを調査するために、アイカメラを使用し、消費者の視点を記録するとともに、視覚的情報だけでは消費者の考えなどが汲み取れないため、レトロスペクティブ・レポートという手法を用いて調査を行った。

今回、私自身初めての調査でもあったため、被験者の方とのコミュニケーションの難しさを感じた。特に、レトロスペクティブ・レポートとは、アイカメラで撮れた映像をもとに被験者の方に発話を求める手法であり、被験者の方が商品選好時にどのようなことを考えていたか、そして、その商品を選択した経緯などについて聞き取らなければならなかった。そのため、どのようにしたらうまく答えてもらえるか、また、ひとりひとり似たような発言であっても多少ニュアンスが違うため、被験者の発言を忠実に汲み取る難しさを感じた。

そして、調査品目を惣菜と白菜に絞り実験を行った結果、惣菜ではあまり価格を気にすることなく、商品自体を見て、気分や好みで決めているという行動が多くみられ、また、白菜では、価格と商品の質を見比べながら選択する行動が多くみられた。同時に、商品の同じポイントを見ていたとしても、それを見ていた順番や質や価格などの要素に対する考え方は人それぞれ違うという結果も得られた。

今回の研究で扱ったアイカメラは、私自身不慣れであったこともあるが、操作が難しく、また、研究対象が人であるため個人差が大きく関係するため、視点を表すために必要な設定がうまくできず、正確なデータが取れないという事象もあった。

この研究を通して、普段あまり意識せずに行っている購買行動は、様々な要因が関係して購買に至っているということを見出すことができた。

今年、私は大学を卒業するが、就職してからも役立つ経験ができたと感じている。

終わりに、今回、本研究にご協力頂いた皆様に感謝を申し上げるとともに、今後の大きな研究の一助となれば幸いである。
（※2019年度　成果報告書をもとに再構成）

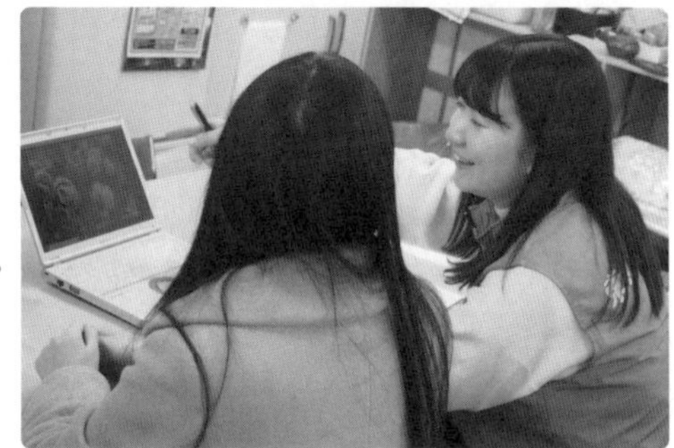

アイカメラによる録画を見ながら聞き取りを行う

第3章 農産物出荷再開に向けた土壌肥料学的支援

大島宏行（農芸化学科）・稲垣開生（東京農大客員研究員）・後藤逸男（東京農大名誉教授）

1 津波被害水田の復元・復興と今後の課題

（1）震災直後の被災水田の状況

2011年5月1日から福島県相馬市の被災地に入った。相馬市で目にした大津波による被災の光景は想像を絶するものであった。特に、松川浦の西に拡がる水田には、砂州に植えられていた松と車やトラクターが大量のがれきとなって積み重なっていた。また、大津波で海から運ばれた土砂が厚く堆積し、その中には大量の塩分が含まれていた。

現地の状況から、被災農地を次のような３種類に分類した。

① 海岸部に隣接した地域で大量のがれきが流入し、かつ地盤沈下により未だに湛水状態にある水田

② 海岸線から数kmの距離にあり、津波の被害を被ったが、がれきの流入が少なく、５月の調査時点で表面が乾燥し始めていた水田

③ 津波被害を被ったハウス・露地畑で、がれきが流入していない農地

（2）津波被災農地の表面に堆積した津波土砂の性質

５月１～３日の現地調査で採取した和田地区津波土砂の土壌化学性は以下のとおりであった（表Ⅱ-3-1）。

塩類濃度の指標となる電気伝導率（EC）は18mS/cmと高く、交換性ナトリウム含有量から算出される塩化ナトリウム含有量は4.7％に達した。海水中の塩化ナトリウム含有量は約３％であるので、そのほぼ２倍におよぶ津波土砂も認められた。ただし、塩分含有量が高い部分は津

表Ⅱ-3-1　相馬市和田の水田土壌化学性

試料	深さ cm	pH H_2O	EC mS/cm	交換性塩基（mg/100g）				CEC meq/100g	塩基飽和度 %	可給態リン酸 mg/100g	可給態ホウ素 mg/kg
				CaO	MgO	K_2O	Na_2O				
津波土砂	5	6.8	18.0	659	537	288	2500	34.0	403	10.5	20.2
水田作土	20	4.8	2.90	538	186	72.4	436	34.5	128	18.1	3.12
水田鋤床	30	5.1	5.10	765	175	31.2	75.0	34.2	114	12.3	0.77

波土砂表面の粘土に限定され、その下の砂層では急激に低下した。

津波土砂の粘土部分の陽イオン交換容量（CEC）は30meq/100g程度で、農地土壌より大きい傾向にあった。また、土砂中には多量の交換性マグネシウムとカリウム、可給態ホウ素が含まれていた。ホウ素は植物の生育に不可欠な微量要素であるが、過剰障害が出やすい成分でもあり、0.5～2.0mg/kgに下げる必要があった。そのため、津波被災農地で営農を再開するには、塩分とホウ素含有量を低下させる必要があった。

また、津波土砂に含まれるパイライトが問題となった。土砂を空気にさらすとその中に含まれるパイライト（硫化鉄：FeS_2）は酸化して硫酸を生成し、pH(H_2O)4以下のきわめて強い酸性を示す、酸性硫酸塩土壌である。そのため、対策として大量の石灰資材を施用して硫酸を中和する必要があった。

さらに、津波土砂の有害元素含有量も懸念される。そこで亜鉛・銅・鉛・ニッケル・クロムについて測定したが、土壌とほぼ同等であった。

（3）「そうま農大方式」による除塩対策

2011年6月に出された農水省の除塩マニュアルによれば、除塩に際しては津波土砂を除去・処分することを基本としている。津波土砂の最表面に塩分が多いので、それらを除去すれば除塩効率が高まることは間違いないが、除去やその処分にはあまりにも多大な労力を要する。

相馬市沿岸に流入した津波土砂には10～20mS/cmに及ぶ塩分と多量のホウ素が含まれ、塩分と同様、植物生育に大きな支障となる。その一方、CECは作土より大きく、土壌養分となる多量の交換性マグネシウムやカリウムが含まれていた。また、懸念されたカドミウム・ヒ素などの有害元素含有量に関しても、土壌に比べて高い値は認められなかった。土砂中の塩分とホウ素は水で流すことができ、パイライトの酸化による土壌酸性化は石灰資材で対処できる。そこで、土砂を取り除くことなく元の土壌と混層した上で、除塩対策を講じることにした。

津波土砂中の塩分の塩素イオンは陰イオンであるため、土壌コロイドには吸着されない水溶性として存在するが、ナトリウムイオンは塩素イオンの対イオンとして水溶性ナトリウムと土壌コロイドに吸着された交換性ナトリウムとして存在する。前者は雨水や灌水により容易に下層に移動する（畑）、あるいは代かきにより溶出する（水田）が、後者は溶出しにくい。

そこで、石灰資材を施用して土壌とよく混層する。その結果、カルシウムイオンと交換性ナトリウムとの間で陽イオン交換反応が起こり、交換性ナトリウムを水溶性ナトリウムに変換させることができる。そのための石灰資材としては石こう（$CaSO_4$）、消石灰（$Ca(OH)_2$）、炭酸カルシウム（$CaCO_3$）などが一般的で、施用量は150～200kg/10a程度である。

筆者らが選択した石灰資材は、製鉄所の製鋼工程で副生される転炉スラグである。転炉スラグの原料は鉄鉱石・石炭・石灰岩で、有害成分を含んでいない。主成分はケイ酸カルシウムで、副成分としてフリーライム（生石灰）・マグネシウムの他に鉄・マンガン・ホウ素などの微量要素を含む。そのため、転炉スラグを土壌に施用してpH(H_2O)を7.5程度まで高めても、作物に微量要素欠乏をきたしにくい。炭酸カルシウムや苦土石灰などより緩効的な土壌酸性改良資材であるので、津波土砂中のパイライトの酸化による土壌酸性化にも対応できる。また、転炉スラグ中には１～２％のリン酸が含まれ、最近では枯渇が懸念されるリン鉱石の代替資源として利用できる。

2011年７月３日の毎日新聞掲載記事の中で筆者らの除塩方式が「相

表Ⅱ-3-2　除塩効果を高める石灰資材の選定

石灰資材	除塩効果	持続性	跡地pH	塩基バランス
消石灰	◎	×	×	×
炭カル	△	○	○	×
苦土石灰	△	○	○	◎
石こう	◎	×	×	×
転炉スラグ	○	◎	○	○

馬手法」と紹介された。そこでそれ以降、津波土砂混層→雨水による除塩→転炉スラグ施用の除塩方法を「そうま農大方式」と呼ぶことにした。

（4）農家の心を動かした「塩害水田の雑草」営農再開

2011年９月６日に、相馬市岩子の佐藤紀男氏から津波で被災した水田の除塩に力を貸してほしいと筆者らに連絡があった。

岩子地区は、最初に相馬を訪れた５月１日に①と分類した農地で、松川浦の松並木のほとんどが津波にのまれ、大量のがれきとして水田に積み重なっていた。

しかし、９月には水田内の全てのがれきが撤去され、大部分の水田表面が乾燥し、亀の甲羅状になっていた。亀の甲羅は津波により海から運ばれ堆積した土砂が乾燥してひび割れたもので、その厚さは約10cmあった。また水田に雑草が線状に繁茂していることに気付いた（**写真Ⅱ-3-1**）。その部分はがれきを撤去するために水田に入った油圧ショベルのキャタピラーが走行した跡であった。そこで、わだち部と無植生部の土壌を比較した結果、わだち部では電気伝導率と可給態ホウ素の顕著な低下が認められた。そこで佐藤氏らの被災農家はこの現象から、津波土砂を混層する決意を固めた。そして除塩を進めた。

９月27日に60aの水田で津波土砂を混層し、2011年９月から2012年４月まで雨水のみによる除塩を行った。その後、土砂中のパイライトが徐々に酸化されて、pHが3.5にまで低下した４月23日に転炉スラグを施用して硫酸を中和した。

写真Ⅱ-3-1　津波土砂のわだちに生えた雑草（2011年９月）

2011年９月に除塩対策を行った水田の他、二枚の水田でも混層して降雨による除塩を進めた。いずれも2012年４月には水稲作付けにこぎ着けることができた。この三枚の水田1.7haに水稲（品種：ひとめぼれ）を定植した。９月26日には1.7haの水田から合計10.7トンの玄米を収穫することができた。10a当たりの玄米収量は630kgで、被災前より20%程度増収した。２年ぶりの黄金色の復活であった（**写真Ⅱ-3-2**）。

収穫された玄米中の有害元素であるカドミウムなどを測定した結果、国内基準値を大きく下回った。2012年度に福島県内で生産された米は、

写真Ⅱ-3-2　２年ぶりの黄金色（2012年９月）

全て福島県による放射性物質の検査を受けそれをパスした後、安全・安心な米として出荷された。そして、そうま農大方式で除塩した水田の米を「そうま復興米」と命名した。

（5）「そうま農大方式」を点から面へ拡げる「そうまプロジェクト」

相馬市で津波の被害を被った農地は約1,100haにおよんだが、2013年3月までに営農が再開できた面積は140haで、それらの多くは比較的軽度な被災地であった。大量のがれきや土砂が堆積し激しく被災した農地での復興は、筆者らが「そうま農大方式」により取り組んだわずか1.7haの水田の他、一部の農地のみであった。そこで、2013年からは「そうま農大方式」を点から面に拡げる「そうまプロジェクト」を開始した。2013年には50haで営農再開を目指すことにした。最初の「そうま復興米」を生産した1.7haの約30倍の面積が対象である。

まず、「そうま農大方式」には酸性改良資材として大量の転炉スラグが必要になる。さらに、最も大きな課題は、地元農家が営農再開に踏み切る決断をするかどうかであった。そこで、相馬市とJAそうま（現JAふくしま未来）に「そうまプロジェクト」の立ち上げを提案し、わが国最大の鉄鋼メーカーである新日鐵住金（株）（現、日本製鉄（株））から転炉スラグ450tの無償提供を頂けることになった。そして「そうまプロジェクト」を立ち上げ、平成25年産「そうま復興米」の栽培を開始した。

転炉スラグ散布後（**写真Ⅱ-3-3**）、一斉に田植えが開始され、田植え後に灌漑水の掛け流しを行ったが、それらを含めてその後の生育に支障はなく、順調に生育し、震災以前の収穫量を得ることができた。そこで相馬市全域の復興可能水田の化学性を調査し、2014年から2019年にかけて東日本大震災農業生産対策交付金を用いて転炉スラグ散布を実施し、今では約500haの水田を復興させた。

写真Ⅱ-3-3　ライムソワーによる転炉スラグの施用（2012年４月）

（6）復興水田の追跡調査

相馬市内において大量の土砂が流入した水田では、土砂を作土と混層して雨水で除塩を行い、土壌酸性化対策として転炉スラグを施用する「そうま農大方式」によって、2017年度には復興予定水田のおよそ９割が復旧した。現在では、ブロックローテーション（集団転作の方法）で水稲と大豆の栽培を行っている畑も多い。

このような農地では、流入した土砂を作土と混層した影響による土壌pHの再低下が考えられる。さらに水田と畑地のローテーションでは、土壌は酸化と還元状態が繰り返されるため、水稲や大豆栽培に大切な地力窒素の減少が激しく、収量の低下が懸念される。そのため長期的な土壌調査とそれに基づいた土壌改良が必要であると考えられる。

そこで、2012～2017年度に転炉スラグを0.5～2t/10a施用した復興水田20地点および復興予定水田17地点で土壌を採取して復興後水田の土壌養分状態を調査した。その結果を**図Ⅱ-3-1**に示す。復興水田のpHは全ての水田で改良目標値5.5を上回っていた。早期に復興した水田でのpHの低下もみられなかった。さらに、酸性硫酸塩土壌と判定される復興水田は１地点のみであった。そのため、土壌の酸性化対策として転炉スラグの追加施用は必要ないと考えられる。その一方で、水稲の収量維

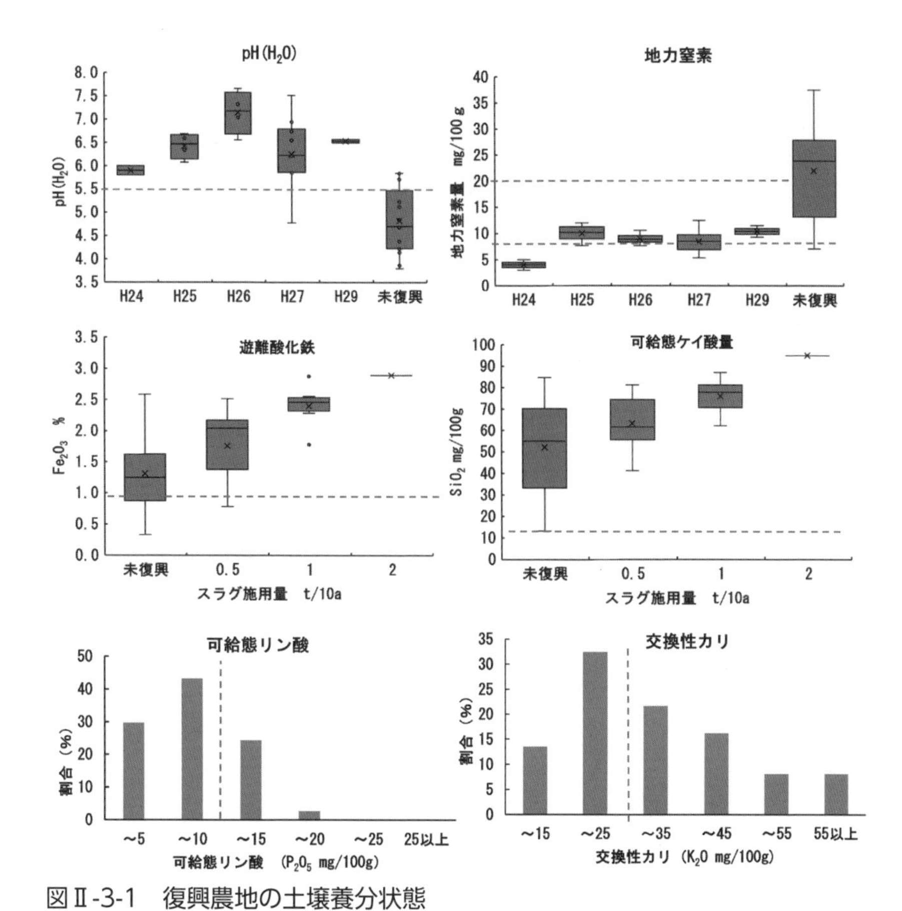

図Ⅱ-3-1　復興農地の土壌養分状態

最上段は復興年度とpH（H_2O）および地力窒素の関係、中段は製鋼スラグ施用量と遊離酸化鉄および可給態ケイ酸の関係、下段は可給態リン酸および交換性カリの分布。破線は福島県の改良基準値

持に必要な可給態窒素は、復興２年目以降の水田では平均９mg/100gと低く、約３割の水田は福島県の改良基準値を下回っていた。可給態リン酸や交換性カリも改良基準値を下回る水田が多かった。

また、転炉スラグをより多く施用した水田で、遊離酸化鉄や可給態ケイ酸量が多い傾向がみられた。今後は、酸性改良資材としてではなく、鉄やケイ酸補給として転炉スラグを施用することが土づくりに有効と考えられる。

（7）カリの流出を減らす対策が必要

2012年度に復興させた岩子地区の水田の交換性カリ量を追跡調査した。この間に水稲を５作、大豆を２作栽培した。作土のカリ飽和度は津波土砂鋤き込み後7.6％であったが、水稲と大豆の作付け後徐々に減少し、2018年の９月には4.9％まで減少した（図Ⅱ-3-2）。この間の本圃場のカリ施用量は112kg/10a、大豆と玄米のカリ持ち出し量はおよそ30kg/10aであった。カリ施肥量よりもカリ持ち出し量の方が少ないが、作土のカリ飽和度は減少していた。すなわち、水稲や大豆栽培中に多量のカリが溶脱または畦外へ流出していると考えられた。さらに、近年ではカリ肥料施用の補助事業終了により、カリ単肥の施用を止める生産者もおり、現状の土づくりが続けば、カリ不足による生産性の低下が懸念される。後藤らは土壌へゼオライトを施用することで、カリの溶脱や流出を抑制することができ、その効果はCECが小さい土壌で大きいことを明らかにしている。相馬市内の水田の平均CECは15meq/100gであ

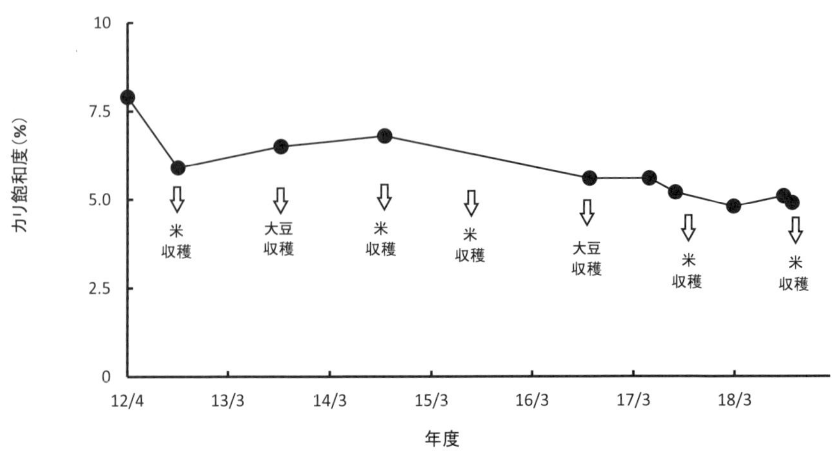

図Ⅱ-3-2　復興水田における作土のカリ飽和度の推移

ることから、ゼオライトを施用してカリの利用率を向上させる必要がある。

（８）大豆作付け前圃場での緑肥栽培・鋤き込みの効果

相馬市の復興農地では地力窒素の低下が確認された。このままでは大豆や水稲の収量低下が懸念される。リン酸、カリ肥沃度の観点からも家畜ふん堆肥の施用が最も合理的な対策であるが、入手しにくい現状がある。そこで、水稲収穫後・大豆栽培前の圃場においてマメ科ソラマメ属のヘアリーベッチ（以下HV）を緑肥として栽培し、鋤き込むことによる地力回復と大豆収量への影響を調査した。

2014年に復興させた一筆の圃場内の西側と東側にHV区、無栽培区を設けた。HVは10月４日に播種を行い、翌年５月上旬に鋤き込みを行った。その後６月に施肥、大豆播種を行い、10月30日に収量調査を行った。施肥量は$N:P_2O_5:K_2O=5.0:3.4:1.6$kg/10aとした。

その結果、**表Ⅱ-3-3**のように開花期前後にあたる８月の大豆葉柄中の窒素含有量はHVの鋤き込みにより増加した。同時期の可給態窒素量は緑肥鋤き込みによる違いは無かった。収量はHVの鋤き込みにより20％増加した。規格は両区において、大80％以上、中10％前後、小２％前後で差はなかった。粒数では無栽培区よりHV区の方が多かった。HVの栽培、鋤き込みによって、開花期頃の窒素吸収が促進されたと考えられる。収量構成要素として規格に差はなかったが、粒数が増加した。つまり、HV栽培、鋤き込みによって開花期頃の窒素吸収を促進し、莢数

表Ⅱ-3-3　大豆の収量と窒素含有率

試験区	窒素含有率※ %	大	中 規格割合（%）	小	粒数 粒/3.3m²	収量 kg/10a	放射性Cs Bq/kg
無栽培区	3.9	85	10.6	2.4	2135	235	N.D.※※
HV区	4.6	89	8.2	1.8	2435	285	N.D.

※開花期に採取した葉柄中の窒素含有率（乾物あたり）
※※U8容器による12時間測定　合計検出限界13Bq/kg

緑肥播種（10月上旬）

春先の生育状況（２月下旬）

すき込み前（４月下旬）

開花期のダイズの生育状況

写真Ⅱ-3-4　圃場試験の様子

を増加させた。そのため、大豆収量が増加したと考えられる。水田の地力低下は水田に畑作を導入することによる有機物の分解促進や有機物補給量が少ないことが原因であるが、大豆栽培前のHVの栽培と鋤き込みにより、大豆の収量を低下させることなく有機物の供給が可能である。

2 伊達地域における畑ワサビの出荷再開

ワサビには山地の渓流や湿地で栽培する沢ワサビと山林や畑に栽培する畑ワサビがある。この２つは同種であるが、栽培方法により生育が異なり、畑ワサビは主に茎葉や花といった地上部を食す。福島県伊達市の月舘・霊山地域は1980年前後から本格的な栽培を始め、東北地方有数の畑ワサビ（花・葉ワサビ）の産地として名高い。JA伊達みらい（現在、JAふくしま未来）の販売額は震災前年間１億円にも達する基幹品目であったが、2011年３月に発生した原発事故で出荷停止となっていた。そこで、東京農業大学東日本支援プロジェクトの土壌肥料グループでは、JAや市、県と連携して、畑ワサビの出荷再開を目指した放射性セシウム吸収抑制対策試験を2014年から行ってきた。

生産環境化学研究室（現在、土壌肥料学研究室）では、原発事故後、水稲の放射性セシウム吸収抑制対策に、転炉スラグ、カリ肥料、ゼオライトの効果に着目し研究を行ってきた。詳細は『東日本大震災からの真の農業復興への挑戦（2014)』を参照いただきたい。畑ワサビは日陰を好み、主に山林内で栽培されている。そこで水稲の効果を応用し、出荷制限されている畑ワサビで上記３つの対策による放射性セシウム吸収抑制を試みた。

（１）山林内のワサビ畑の土壌化学性と在圃株の汚染状況

まず、山林内にあるワサビ圃場２地点で、それぞれ深さ５cmごとに土壌を分析した。放射性セシウムは有機物を多く含む表層５cmで10,000Bq/kg超であった。一方、下層ではその１/10以下となっていた。放射性セシウムの多くが腐植層までにとどまっていた。また、pHが５前後と酸性化していた。在圃株の放射性セシウム強度は高いところで地上部460Bq/kg、根部790Bq/kgであった。これらの結果から、表層５

A地点土壌化学性

深さ	pH (H_2O)	交換性カリ mg/100g	放射性Cs強度 Bq/kg
落葉層	5.4	37.9	13,300
5cm	5.1	20.2	520
10cm	5.1	13.5	76
20cm	5.0	14.6	19
20cm以下	4.9	18.0	20以下

CEC:7.4meq/100g

B地点土壌化学性

深さ	pH (H_2O)	交換性カリ mg/100g	放射性Cs強度 Bq/kg
落葉層	5.4	20.0	24,900
5cm	5.5	20.8	26,900
10cm	5.0	11.2	1,670
20cm	5.3	10.6	32
20cm以下	5.6	9.1	20以下

CEC:12.1meq/100g

A地点では放射性Cs非汚染苗の新植試験、B地点では在圃株の改植試験を実施した。

在圃株　放射能強度

地点	地上部 放射性Cs強度 Bq/kg	根部 放射性Cs強度 Bq/kg
A	40	240
B	460	790

放射性Cs食品基準値：100Bq/kg

非汚染プラグ苗

在圃株

図Ⅱ-3-3　山林内ワサビ圃場の土壌化学性と試験苗の状況

cmを剥ぎ取り、新植試験で各資材の吸収抑制効果を検討した。また、早期出荷再開のために在圃株が利用可能かを検討するため、在圃株改植試験を行った。

(2) 山林内における放射性セシウム吸収抑制対策試験

在圃株改植試験では在圃株を一度抜き、表層5cmを剥ぎ取り、転炉スラグ、カリ肥料、ゼオライトの効果を比較した。さらに、降雨や落葉の影響を除去するため、ゼオライトをコーティングさせた被覆材による被覆有無も設けた。

収穫後のワサビ地上部の放射性セシウム強度は360～627Bq/kgで、いずれの区でも基準値100Bq/kgを超過し（図Ⅱ-3-4）、改植後半年では

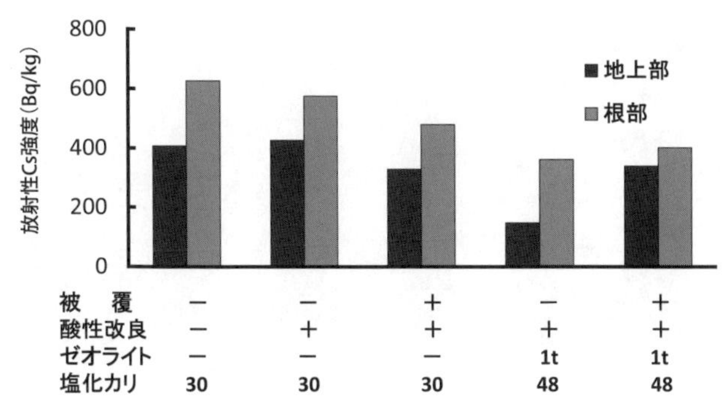

図Ⅱ-3-4　在圃株を用いた試験におけるワサビの放射性セシウム強度

出荷可能になるまでの低減には至らなかった。放射性物質対策として在圃株の使用は困難と判断した。

新植試験では、放射性セシウム非汚染プラグ苗を定植し転炉スラグ、カリ肥料、ゼオライトの効果を比較した。全区被覆材で被覆し基肥N：P_2O_5：K_2O＝15：15：30（または60）kg/10a施用した。また、同じ圃場内に無底塩ビ管を埋め込み1/2000aスケールでも試験を行った。この際、無底塩ビ管の下にセシウム吸着資材であるプルシアンブルーシートを敷設し、水からの影響を除去した。

その結果、被覆無区の生育と比較し、被覆区および転炉スラグ施用区において地上部の草丈が高くなり、生育良好となった（**写真Ⅱ-3-5**）。被覆による遮光、また転炉スラグにより塩基等土壌中に欠乏している成分が供給されたためであると考えられる。放射性セシウム強度は全区で地上部・根部ともに食品基準値100Bq/kg以下となったが、各資材施用量との関連性は不明瞭であった。地上部の放射性セシウム強度が根部よりも高く（**図Ⅱ-3-5**）、被覆材の放射性セシウム強度が900Bq/kgと高い値であったことから、山林および落葉に付着したセシウムが降雨により影響したと考えられる。放射性セシウムが高い山林内での栽培は困難であることから、ワサビ栽培の再興に向けて平地での栽培が望ましい。また、平地での栽培に際しては、放射性セシウム非汚染苗を作付けすること、

	無改良 被覆無 (従来)	無改良	酸性改良	酸性改良 塩化カリ	酸性改良 塩化カリ ゼオライト
草丈cm	8.0	18.2 a	26.7 b	24.8 b	25.5 b
葉長cm	5.0	8.7 a	12.7 b	11.3 b	12.5 b
新鮮重g	28	119.5 a	315.5 a	292 a	439 a

試料採取日:2014/10/23　Tukey法 同一項目・同一アルファベット間に有意差無し α=0.05 n=3 新鮮重 n=2

写真Ⅱ-3-5　非汚染苗を用いた試験でのワサビの草丈、新鮮重に及ぼす影響

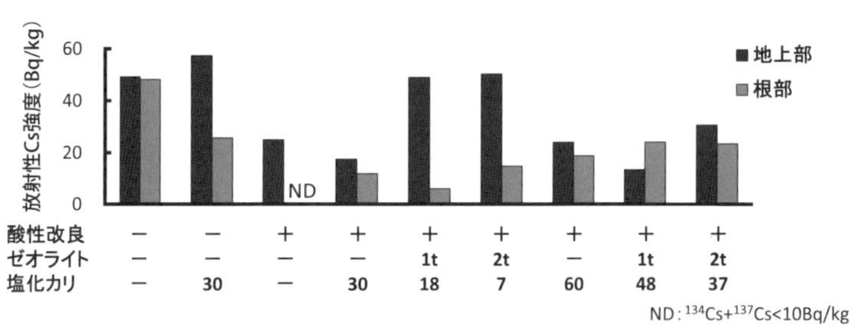

図Ⅱ-3-5　無汚染株・無底塩ビ管を用いた試験におけるワサビの放射性セシウム強度

さらに、土壌環境を改善し、生育を向上させるために酸性改良が必要である。その際、酸性改良持続効果が高い転炉スラグが適する。また、露地栽培では被覆材を用いた遮光栽培を行うべきである。

(3) 平地でのワサビ栽培技術開発の取り組み

山林内で実施した試験の結果、落葉や降雨が原因と考えられる再汚染があり、土壌環境の改善だけでは放射性物質対策は困難であることが判明した。そこで、山林内でのワサビ栽培を断念し、次年より平地で被覆しての遮光栽培による試験を実施した。

伊達市霊山地区の圃場で、確実にワサビ中のセシウム強度を下げるため表土約10cmを剥ぎ取った後、試験を行った。試験区は、資材無施用区、酸性改良・カリ多量区、酸性改良・カリ多量・ゼオライト区の３試験区を設けた。さらに、遮光率の異なる３つの遮光資材とフィルムを用いてトンネル状に被覆し12試験区２連で畑ワサビ（鬼緑）を栽培した。また、遮光を行わない区も設けた。全面に堆肥を370kg/10a散布し、肥料を窒素、リン酸、カリそれぞれ成分として15kg/10a施用した。酸性改良、カリ多量、ゼオライトは、転炉スラグを１t/10a、カリを30kg/10a、ゼオライトを１t/10a施用した。ゼオライト中のカリを考慮し、カリ全量が30kg/10aとなるように施用した。

１）表土剥ぎ取りによる土壌化学性の変化と月館・霊山地域の土壌

原発事故後、未着手であった作土の放射性セシウム強度は1,108Bq/kgであったが、表土剥ぎ取りにより497Bq/kgと減少した。しかし、作土の土壌肥沃度も減少した。pHは6.8から6.2へ、カリ飽和度は13.0%から10.9%に減少した。カリの減少は植物体への放射性セシウム吸収

表層剥ぎ取り前　（2014年10月）

土層	pH (H_2O)	CEC meq/100g	カリ飽和度 %	放射性Cs Bq/kg
リター層	7.0	17.9	16.7	2744
作土 (0–5cm)	6.8	13.7	13.0	1108

表層10cmを剥ぎ取り後（2015年4月）

土層	pH (H_2O)	CEC meq/100g	カリ飽和度 %	放射性Cs Bq/kg
作土	6.2	12.7	10.9	497

図Ⅱ-3-6　表土剥ぎ取り前後の圃場の様子と土壌化学性の変化

写真Ⅱ-3-6 圃場試験の様子

を促進する。

伊達市の月館・霊山一体には、花崗岩風化土壌（マサ土）が広く分布している。この土壌は砂質で水はけがよい一方で、CECが小さく、酸性化しやすい特徴を持っている。2012年に本地区のワサビ畑185地点の土壌を分析した結果、pHは平均5.3、交換性カリは平均23mg/100gと、酸性が強く低カリの圃場が多かった。CECは平均10.7meq/100gで、塩基の溶脱の抑制や保肥力の改善が必要な圃場も多かった。

2）土壌化学性の変化とワサビの収量および放射性セシウム強度

ワサビ栽培土壌のpHは、無改良区では栽培開始後に5.5まで低下したが、酸性改良区では6.5～7.0まで改良された。交換性カリ量は全ての試験区で60mg/100g程度を維持した。表土剥ぎ取りを行った場合は、改良目標値に合わせた改良を行うことで放射性セシウム吸収のリスクは軽減されると考えられる。ワサビの収量を**図Ⅱ-3-7**に、放射性セシウム強度を**図Ⅱ-3-8**に示す。

ワサビの生育量を比較したところ、土壌環境と遮光資材の二元配置の分散分析より交互作用はなかった。各要因の棄却率は土壌環境で20%、

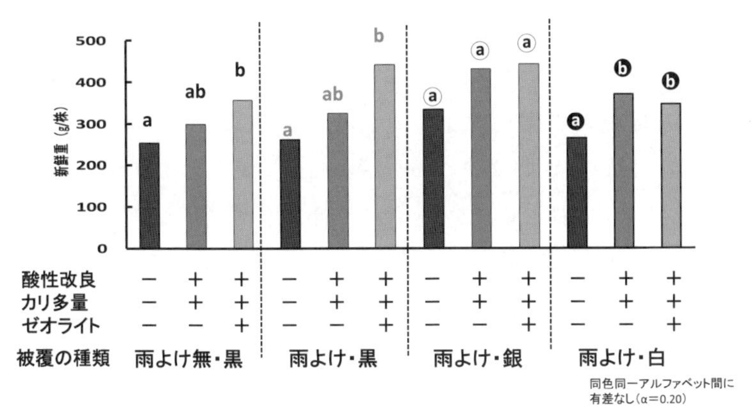

図Ⅱ-3-7　ワサビ生育量（全株重）の比較

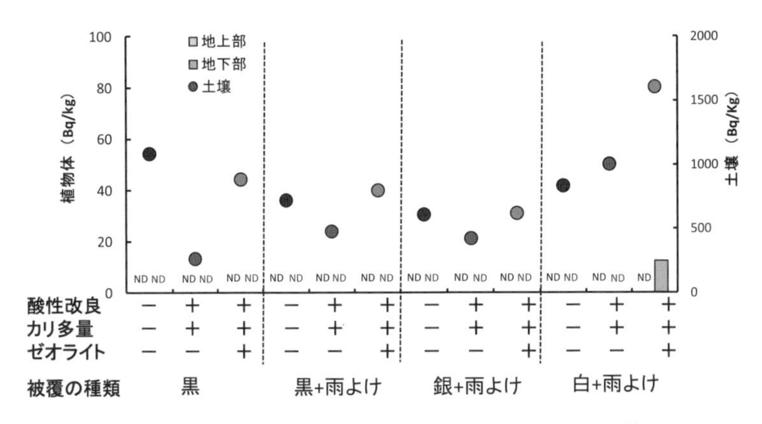

図Ⅱ-3-8　土壌およびワサビの放射性セシウム強度（11月24日採取試料）

遮光資材の棄却率は53％であったため、土壌環境の影響が示唆された。生育量において資材無施用区を100％とすると、酸性改良・カリ多量区で126％、酸性改良・カリ多量・ゼオライト区で143％の増収であった。マサ土圃場でのゼオライトの施用は畑ワサビの生育増進に有効である。

山林から離れた平地において被覆しなかった区は１か月程度で枯死したが、遮光資材を用いることで栽培は可能である。収穫時の作土の放射性セシウム強度は53～1,600Bq/kgと圃場内でばらつきがあった。収穫後の畑ワサビの放射性セシウムは、地上部において全試験区で検出されなかった（検出限界値：セシウム134,セシウム137合量で最大13Bq/kg)。平地においても畑ワサビの栽培は可能であり、より安価な雨よけ・黒遮光資材が合理的である。また、作土の放射性セシウム強度が1,600Bq/kg以下の圃場では交換性カリを60mg/100g以上に維持すれば、畑ワサビの放射性セシウムの吸収抑制は可能である。

（4）成果の発信

JAふくしま未来伊達地区本部では試験開始以降の毎年春に「畑ワサビ放射性物質吸収抑制対策試験結果報告会」を開催した。参加者は畑ワサビ生産農家、福島県職員、JA職員、資材メーカーなどで、毎年50名を超える。報告会では伊達ワサビ栽培へのこだわりや貴重な意見を聞くことができ、次年度には生産者の意見を踏まえた試験を実施することにつながった。

４年間の結果より、2018年３月には「県の定める管理計画に基づき管理される畑ワサビ」という部分的ではあるが、７年ぶりに出荷制限が解除された。2020年現在、約50aの畑で畑ワサビの作付けが行われている。これからも放射性セシウムの吸収抑制対策には、土壌養分の管理徹底を継続していくことが不可欠であるため、生産者には土壌診断にもとづいた施肥管理を習慣化してもらいたい。

【引用文献】

農水省農村振興局2011．農地の除塩マニュアル．http://www.maff.go.jp/j/press/nousin/sekkei/pdf/110624-01.pdf

後藤逸男・稲垣開生2014.「東京農大方式」による津波農地復興への取り組み．東京農業大学･相馬市編．東日本大震災からの真の農業復興への挑戦，p.106-115. ぎょうせい，東京

Interview

土壌分析から始まり今後も続けたい

岩子ファーム　佐藤紀男

私が所属する岩子ファームは栽培面積が全部で130～140haくらいあり、耕作者は17人です。そこから水田をブロックローテーションでお借りして大豆作付けを行っています。また、農業経営と漁業経営とがあり、夏は農作業、冬は海苔の養殖作業が主になります。

私は2010年から当時の生産組合代表を勤めており、その１年後に震災の被害を受けました。震災以前まで東京農大との付き合いはありませんでした。震災後、農大へ協力要請をして、2011年の７月から８月頃、岩子に後藤先生（当時の土壌肥料グループリーダー）が来てくれました。

その当時、水田の水はまだ引いていない状況です。農地の被害については、土砂に有害物質が含まれているかどうかが一番心配でした。しかし、農大に土壌分析をしてもらい、問題がないことがわかり安心しました。塩水が入ってしまったことが最も問題だとよく言われましたが、私は塩水に関してはそんなに驚くことはありませんでした。

2011年は作付けに向けた除塩と酸性改良対策をして、2012年の春に３筆の水田で作付けをしました。岩子で最初に作付けした理由は、津波による農業機械の被害は少なく、また、岩子以外で津波の影響を受けていない水田もあったので、作付け作業をすることができたからでした。2012年以降は、用水の復旧が進めば作付面積もどんどん広がると思っていました。実際に、排水の整備が進んだところから復興も進みました。相馬市役所でも何をしたらいいかわからなかったようで、国の政策では表土剥ぎ取りが基本だったので、一部の畑では表土を剥いでもらったりしていました。しかし、私の場合は全部剥ぐのに時間がかかるため、表土剥ぎ取りはしませんでした。

転炉スラグを使って復興しましたが、それまでどのような資材か全く知りませんでした。私は今まで土壌改良材は使ってきませんでした。化学肥料を入れればコメができると思っていました。畑の場合は細かく分析して施肥しますが、水稲の場合は雑把にしていました。ですが、これまで使ったことがない資材を使うことに抵抗はありませんでした。そして、1年目に作付けした時は、一部だけ化学肥料を施用して他は何もいれずに栽培しましたが、今までで一番収量があり驚きました。後藤先生には研究支援だけでなく役所との繋がりもやってもらったので、とても感謝しています。栽培について、稲作はほとんど問題ありません。大豆栽培も以前より生産者の技術が上がってきており、現状では農地は震災前に戻りつつあります。ですが、耕作者はだいぶ減ってしまいました。

今年は作付け前に台風で宇多川が氾濫しました。土を農大に送って問題がないか調べてもらい、水田ではリン酸とカリが足りないことが分かりました。来年度はリン酸とカリの単肥を施用して、その他の高価な肥料は減らして栽培しようと思っています。

今後は岩子ファームの後継者が出てくることが必要です。息子の世代の次のリーダーがきちんと切り盛りしてくれれば、ファームもおのずとまとまると考えています。ただ、新しい農作物も増やす予定はありません。海に行くと心が落ち着くから海苔もやめられないですね。

農大には今後も土壌調査の継続と営農指導を期待したいです。こういうつながりがあるからこそ、宇多川が氾濫した時も土壌調査をしてもらって、資材のアドバイスもしてもらいました。今回のプロジェクトでできたつながりを大切にして農業の勉強をしていきたいです。

「そうま農大方式」で復旧した岩子ファームの水田

Column

相馬市の下水汚泥の肥料化に関する研究に取り組んだきっかけ

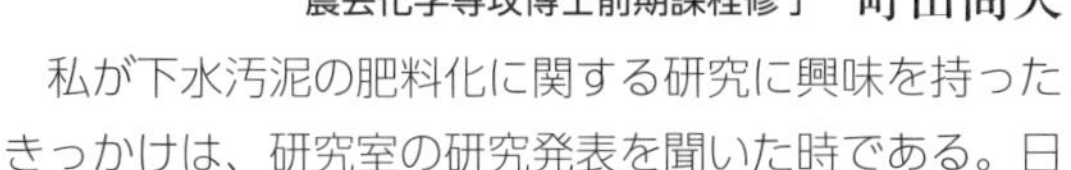

農芸化学専攻博士前期課程修了　町田尚大

私が下水汚泥の肥料化に関する研究に興味を持ったきっかけは、研究室の研究発表を聞いた時である。日本の農業には欠かせないリン酸肥料の原料となるリン鉱石が世界的に枯渇していること、リン酸を豊富に含む下水汚泥は安価であるのに農業利用率が低いことに不安と疑問を覚えた。下水汚泥の農業利用率が低い要因として有害重金属が挙げられ、過去の下水汚泥は、雨水と生活排水をまとめて処理していたことで基準値を超える有害重金属濃度を含む下水汚泥が排出されていた。しかし、現在では生活排水のみを処理しているため、有害重金属濃度が基準値を大きく下回る下水汚泥が排出されている。そのため、現在では、排出された下水汚泥を直接肥料化できるようになったが、「有害重金属」という過去の負のイメージから今でも農業利用が敬遠されている。そこで、私は現在の下水汚泥は有害重金属濃度が低く、人体へのリスクが低いこと、リン酸に富みリン酸肥料として利用できることを化学的なデータをもとに証明したいと思うようになった。そして、私は先生と相談し、2018年11月から下水汚泥の肥料化に関する研究に取り組み始めた。

研究を始めた当初は、全国５か所の地域から排出された下水汚泥を用いていた。ある日、指導の先生から「相馬市の下水汚泥も一緒に研究してみないか」と声をかけてもらった。その時、私は過去に先輩の手伝いで相馬調査に同行したことや、「そうま復興米」を販売したことを思い出した。相馬調査に同行するまで私は福島県を一度も訪れたことがなく、復興の現状などはメディアを通して認知する程度だった。しかし、実際に相馬市の水田を訪れてみると津波の被害があったとは思えないくらい立派な稲が一面に広がり、被災地の農地はここまで復興していたのかと驚かされた。一方で、現地の水田の土壌を採取し分析してみると、リン酸の肥沃度がとても低いことが明らかとなった。また、私はこの調査以降、相馬市と関わる機会が増え、学内の文化祭では毎年「そうま復興米」の販売に携わらせてもらい、震災被害や復興状況についてより理解することが出来た。そして、私は相馬市の下水汚泥の話を頂いたとき、研究を通じて相馬市の復興に貢献できるのではないかと思い、相馬の下水汚泥も研究する旨を先生に伝えた。

相馬市の水田では、リン酸肥沃度が低いことから今年度は水稲のポット栽培試験を行い、水稲に対するリン酸の肥効を評価している。この研究が相馬市の下水汚泥の現地利用への第一歩となるよう、そして相馬市復興への後押しとなることを願っている。

（※2019年度　成果報告書をもとに再構成）

第4章 福島県浜通りの環境史と節足動物を介した放射性物質の移動

足達太郎（国際農業開発学科）

1 はじめに

日本列島の陸地面積の約70％は山地である。そのため、人びとはおもに海岸に面した平野部と山ひだの部分にあたる平地と山地の境界領域に居住し、生計をたててきた。

筆者は応用昆虫学と農業生態学の視点から、日本の農業とそれをとりまく環境に、ここ十数年ほどのあいだ関心をよせてきた。とくに過疎化にともなう中山間地域[1)]の生態系の変化に興味をもち、いくつかの地域をおとずれていた。大学から数時間でいける福島県浜通りの中山間地域は、きたるべき研究対象としてわたしたちの視野にはいっていた。

しかし、2011年３月に発生した東日本大震災とそれにともなう東京電力福島第一原子力発電所の過酷事故は、その希望をうちくだいた。浜通りの中山間地域のほとんどに避難指示がだされている状況では、現地調査は断念せざるをえなかった。ところが、そこで意外なことがおこった。ある学生が、福島の復興に貢献できる研究をどうしてもやりたいともうしでてきたのである。

もとより筆者は放射線対策の専門家ではないし、所属する研究室も作物の病気や害虫をあつかうところである。そういって再検討をうながしたのだが、かれの決意はかたかった。福島の復興はもちろんねがっていたし、昆虫学者にも何かできることはあるかもしれない。学生の熱意がその気もちをあとおししてくれた。こうしてわたしたちは福島へむかう準備をはじめたのだった。

2 福島県浜通りの生態系と農業

（1）浜通りの環境史

浜通りは福島県の県域を３つに区分した地域のひとつであり、同県の東部に位置する。東は太平洋岸に面し、西は阿武隈山地によって中通り地方とへだてられている（図Ⅱ-4-1）。

浜通りの西部をしめる阿武隈山地は、古生代デボン紀（約４億2000万年前）から中生代白亜紀（約１億5000万年前）にかけて形成された標高400～1000mの比較的なだらかな高原状山地である。ただし、山麓部から中腹にかけてはかなり急峻である。

いっぽう、東部の太平洋岸にそって細ながく南北にのびる低地では、低い丘陵地帯のなかを中小の河川が東西に横ぎり、川ぞいには沖積平野と河岸段丘がひろがっている。この地域の基盤は白亜紀から新第三紀（約2300万年前）にかけての堆積岩であり、白亜紀の地層からはフタバスズキリュウやアンモナイトなどの化石が発掘されている。また常磐炭田の石炭は古第三紀（約6600万年前）の地層から採掘されたものである。

浜通りにおける人類の生活の痕跡は旧石器時代からみられる。楢葉町の大谷上ノ原遺跡では、約３万年前の地層からナイフ形石器などのほか、

Googleマップ ©2020 Google

図Ⅱ-4-1 浜通りの地形
阿武隈山地（左）と松川浦（右）。

製作途上の石器とみられる遺物が出土している[2)]。

約1万2000年前には、温暖化によって落葉広葉樹の森林がひろがり、人びとは集落を形成して竪穴住居にくらすようになった。食料はおもにクリやクルミ、トチノミ、ドングリなどの堅果類で、季節によってキノコや山菜類も食用とされた。タンパク源をえるために、山間地ではクマ・シカ・イノシシ・タヌキ・ウサギなどを弓矢や罠で捕獲し、海岸部では貝類の採集や漁労がおこなわれた。

古代から中世にかけては豪族や武家が地域の支配者となった。その時代、土地の生産性をあらわす指標として石高(こくだか)があった。相馬中村藩の石高は幕末の時点で9万7797石[3)]。全国に約260あった藩のなかで大藩または中藩とよばれた石高10万石以上の藩が50ほどあった。それらにはわずかにおよばないものの、比較的ゆたかな土地柄だったことがうかがえる。

しかしそのいっぽうで、飢饉にみまわれることもあった。とくに1782年から1788年にかけての天明の大飢饉では大きな打撃をうけた。前述の中村藩では飢饉前後の数年で領内の人口が5万3276人から3万6785人へと31%も減少した[4)]。この飢饉の原因はおもに天候不順である。アイスランドの火山の噴火により噴出した塵のため日射量が減少し、地球規模の寒冷化がおこったとされる。

幕藩体制のもとでは、浜通りの地形や地質を生かした独自の産業が発展した。大堀相馬焼で有名な陶磁器、松川浦での海苔養殖や製塩業などがあげられる。

明治以降は殖産興業政策のもとで、北部では森林の開発がおこなわれた。南部では常磐炭田が開発され、採掘された石炭は北部の木材とともに常磐線で首都圏に輸送された。

20世紀後半の高度成長期にはいると、石炭業と林業は衰退し、あらたな産業を誘致するために電源開発がおこなわれた。1957年には石炭火力の勿来発電所が設立され、1971年には東京電力福島第一原子力発電所の１号機が運転を開始した。

（２）流域生態系と人間生活

山にふった雨は、斜面にそって低い土地へとながれる。いくつかの流れがあつまって河川となり、最後は海へとながれでる。ある場所にふった雨がどの河川にながれこむかをわける境界線を分水嶺とよぶ。阿武隈山地のようななだらかな地形の場合、分水嶺は複雑なものとなるが、おおむね山地の西側にふった雨は阿武隈川にあつまり、北上して宮城県内にある河口から太平洋にそそぐ。東側では浜通りを東にむかって横断する中小の河川となって海にでる。これらの分水嶺にかこまれた地域を流域という（図Ⅱ-4-2）。

生存のために水を必要とする生きものにとって、流域はひとつの生活圏である。ここで「生きもの」というとき、人間も例外ではない。交通手段が発達する以前、流域にくらす人びとにとって分水嶺となる高い山

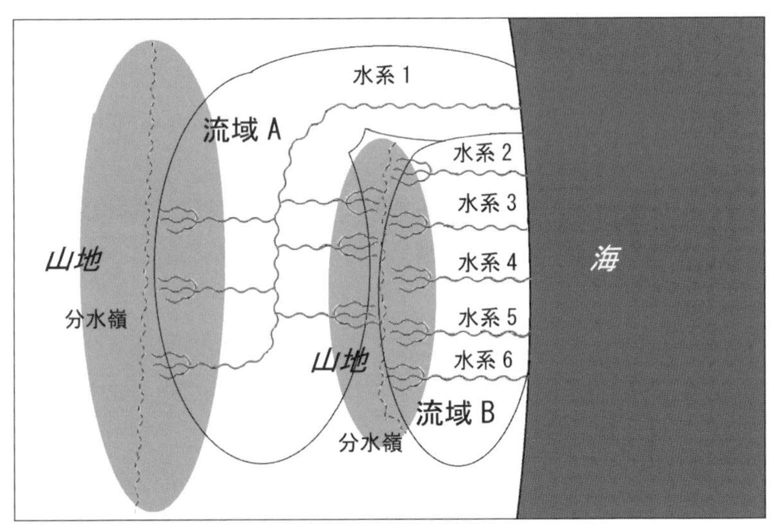

図Ⅱ-4-2　流域の概念図

水系１単独の流域Aと水系２～６の複合的な流域B。流域AとBは分水嶺によってへだてられている。

をこえることは困難であったが、川ぞいに移動することは比較的容易だった。そのため、言語や生活様式をふくむ文化も流域ごとにそれぞれ特徴のあるものとなった。こうした流域にすむ生きもののいとなみをとおしてのつながりを、流域生態系という。中山間地や平地の農業はこのような流域生態系の一部とみることができる。

中山間地域を上空からながめると、森林におおわれた山ひだのあいだに、水田やため池、畑、放牧地、屋敷林などがくみあわさったモザイク状の景観がみられる。そこには野生植物や栽培植物、陸生・水生の動物など多種多様な生きものが生息している。これらのなかには、鳥やクマ、シカ、サルなどのように高い移動能力をもち、流域の範囲を越境する野生動物もふくまれている。昆虫のなかにもウンカ類やコブノメイガなどのように、中国大陸や南西諸島から季節風にのって飛来するものがいる。今日では人間もまた頻繁に越境する生きものである。したがって、流域生態系は閉鎖的なものではなく、個々の生きもののいとなみによってほかの地域とつながった開放的かつ動的な生態系ということができるだろう。

(3) 浜通りの生物多様性とその保全

浜通りは緯度の割には比較的温暖であるため、寒冷気候と温暖気候の双方に適応した生きものが混在する特徴的な生物相がみられる。しかし近年、こうした生物の分布域が大きく変化する事例がひんぱんに報告されている。たとえば、福島県では以前は浜通りだけに生息していたウラギンシジミ（チョウ目シジミチョウ科）が、現在ではより冷涼とされる中通りや会津でも見られるという[5)]。こうした事例については、温暖化の影響を指摘する意見もあるが、そのほかにも人為的な植栽による植生の変化が原因となっている可能性がある。

生物多様性を保全していくためには、何よりもまず実際に自分たちのすむ地域にどんな生きものがくらしているのか知ることが大切である。

撮影：檜谷昂

写真Ⅱ-4-1　地元の高校生たちとともに昆虫の調査
2019年8月、南相馬市にて。

わたしたちは最近、地元の高校生たちとともに、浜通りに生息する昆虫や野生動物とふれあう機会をもうけている（**写真Ⅱ-4-1**）[6)]。ささやかなこころみではあるが、こうした活動をとおして、人間をふくむ地域にすむ生きものどうしが持続的に共存できるような生態系と社会をきずいていきたいと思っている。

3　浜通りの中山間地域における節足動物を介した放射性物質の移動

（1）生物におよぼす放射線の影響

2011年３月におこった東京電力福島第一原子力発電所事故（以後、原発事故と略記する）では、炉心溶融（メルトダウン）が発生し、大量の放射性物質が環境中に放出された。原発から大気中に放出された放射性核種のうち、地上に降下したのはおもにヨウ素131、セシウム134、セシウム137、ストロンチウム90の４種類である。これらはいずれも環境や生物に影響をおよぼすことが知られている。

放射線の人体への影響については、吸収線量が高い場合は臨床例によって知られている。たとえば100～150mGy[7)]の放射線を全身に被曝すると一過性の脱毛や不妊などがおこり、1,000mGy以上で嘔吐や発熱といった症状があらわれ、抹消血中リンパ球の減少が生じたりする。こうした症状はそれぞれ一定の閾値以上の線量の被曝をうけた場合にのみあらわれ、それ以下ではあらわれない。

いっぽう被曝線量が低い場合はその影響をしらべることがむずかしい。被曝後数か月から数年後に癌や白血病などを発症することがあるが、このような病例は喫煙や飲酒などといったほかの要因と明確にきりわけることができず、因果関係がはっきりしない。そこで放射線からの防護対策をおこなう場合には、低線量でも線量に依存して影響があると仮定する。すなわち症状があらわれる下限値である閾値をもうけないか、ゼロと想定するのである。

(2) 節足動物と放射性物質

人間以外の生物への放射線の影響についてもしらべられている。一般に細菌や軟体動物、節足動物、藻類、地衣類などは100％致死線量が数10Gyから10,000Gy以上と非常に高いのに対し、哺乳類や鳥類は数Gyから10数Gyで死亡する。高等植物のなかにも種によっては数Gyで枯死するものがある。ちなみにヒトの50％致死線量は４Gy程度とされている[8)]。

昆虫をふくむ節足動物は種によって致死線量に差があり、ウリ類や果樹の害虫であるウリミバエの蛹に70Gyのγ線を照射すると、成虫は不妊となるが、生殖能力以外の生存や配偶行動にはほとんど影響しない。このことを利用して、コバルト60によるγ線で不妊化したミバエを大量に野外放飼し、野生虫が交尾をしても子孫をのこせないようにして、害虫の根絶に成功した事例がある[9)]。

しかし、節足動物に対する低線量放射線の影響については、人間の場合と同様よくわかっていない。原発事故後に浜通りや阿武隈山地で採集されたアブラムシやシジミチョウに形態的な異常がみられることが報告されている[10)]。しかし、これらが原発事故によって放出された放射性物質の影響によるものかどうかはかならずしも確定的ではない。自然界においては昆虫の奇形はしばしばみられるものだからである。

これらの報告では採集場所における高い空間放射線量を奇形の頻度とむすびつけているが、サーベイメーターによる測定では形態異常が発現した個体が実際にどれほどの線量を被曝していたのかわからない。昆虫の奇形が放射線によるものかどうかを検証するためには、昆虫個体そのものや生息地周辺のミクロな環境における放射性物質の量やうごきをあきらかにし、これらの昆虫における被曝線量を正確に評価する必要があるだろう。原発事故の発生から間もない時期に発表された、これらの先駆的な研究に敬意をいだきながらも、わたしたちはそうかんがえたのである。

(３) 節足動物における放射性セシウム濃度の年次変動

2012年７月、調査のために浜通りにはいったわたしたちは、最初の調査地として飯舘村をえらんだ。当時は村の大半が居住困難区域に指定されており、南部の長泥地区は現在（2020年11月）も帰還困難区域となっている。同村の菅野典雄村長（当時）が東京農大でおこなった講演をきき、復興にむけての力づよい言葉に感銘をうけたことも、ここを調査地にえらんだ理由のひとつだった。

村役場で調査の許可をもらい、いくつかの地点で空間放射線量率を測定した。まだ除染が本格的におこなわれる前だったこともあり、役場のちかくでも相当たかく、2.5～3.5μSv[11)]/hほどであった。

その後、おなじ学科に在籍していた学生の親戚で、同村の住民である松岡幸次郎さんの自宅をおとずれて話をきいた。松岡さんがすむ二枚橋地区はちょうど避難指示解除準備区域となったばかりで、自宅ではあっても夜は宿泊できないことになっていた。松岡さんは水田と畑をもっているが、原発事故後は作物をつくることをやめていた。わたしたちは、

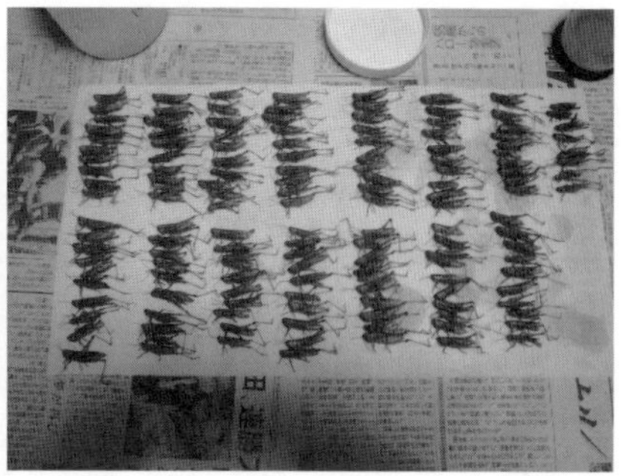

写真Ⅱ-4-2　飯舘村でのサンプリングの様子（左）と採集したコバネイナゴ（右）

その休耕地などで昆虫や節足動物の採集をさせてもらった（写真Ⅱ-4-2）。

とれたのは、さまざまな種のバッタ類やチョウ類、コウチュウ類などの昆虫と数種のクモ類だった。これらのなかから、コバネイナゴ（バッタ目イナゴ科）・エンマコオロギ（バッタ目コオロギ科）・ジョロウグモ（クモ目ジョロウグモ科）の３種の節足動物について、放射性セシウムの濃度を測定することにした。

2012年から2016年にかけての放射性セシウム濃度の推移をみると、コバネイナゴとエンマコオロギでは年々濃度がさがっているのに対し（図Ⅱ-4-3A、B）、ジョロウグモでは年によってあがったりさがったりしている（図Ⅱ-4-3C）。これはどうしてだろうか。

ジョロウグモの値は年によってばらつきが大きかったが、2014年の時点では減少傾向にあるとわたしたちはとらえていた。採集した場所の放射能の指標となる空間放射線量がそれまで順調にさがっていたからである（図Ⅱ-4-3D）。空間放射線量の減少は放射性物質の物理的な減衰のほか、除染や風雨による洗浄作用が要因とかんがえられる。よって野外で節足動物たちがとりこんでいる放射性セシウム濃度も当然低下していくはずである。ところが2015年にはジョロウグモの放射線セシウム濃度がふたたび増加したのである。2016年には全体的にややさがったものの、個体によっては300Bq[12)]/kgをこえるものもあり、中央値も

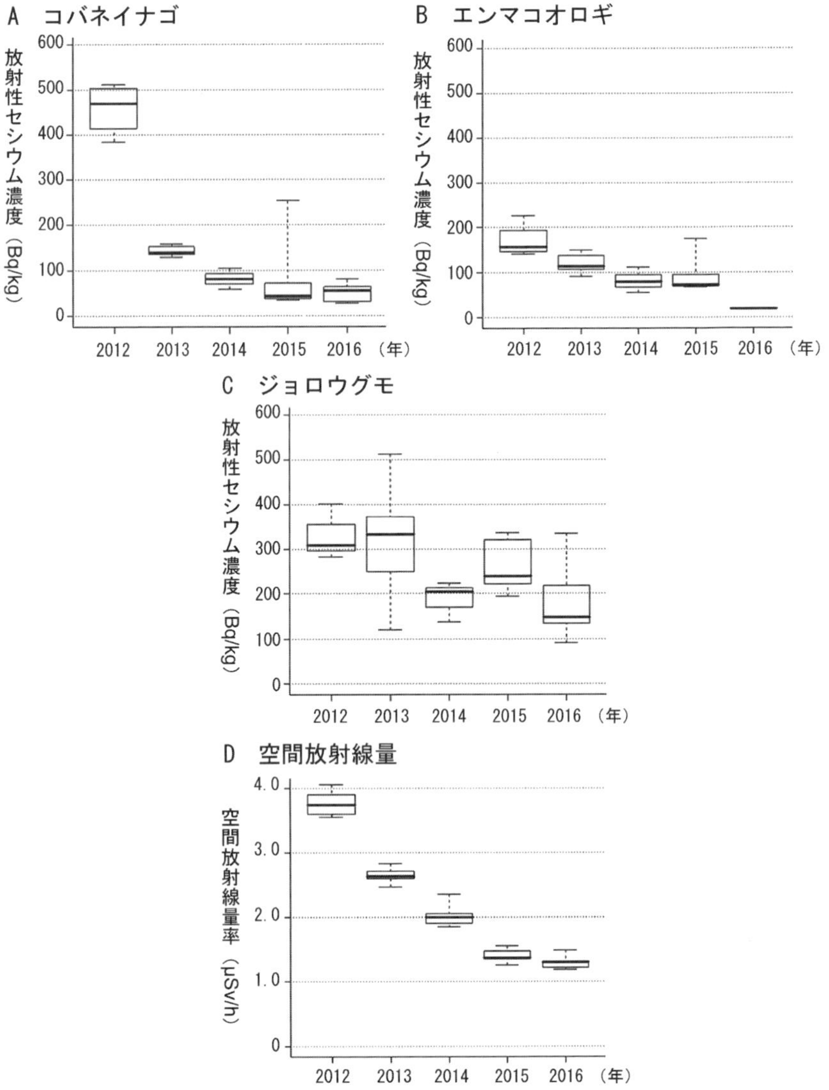

図Ⅱ-4-3　福島県飯舘村で2012～2016年に採集した各節足動物から検出された放射性セシウムの濃度（A～C）と採集場所の空間放射線量（D）の年次変動

箱ひげ図で点線の上端と下端はそれぞれ最大値と最小値、箱の上端と下端はそれぞれ第3四分位値と第1四分位値、箱内の太線は中央値をあらわす。Tanaka et al.（2020）より改変。

150Bq/kgほどだった。コバネイナゴとエンマコオロギではいずれも100Bq/kg未満に低下しており、検出限界以下の個体もあったのとは対照的な結果となった[13)]。

この現象について、わたしたちは餌のちがいによるものではないかとかんがえた。コバネイナゴは完全な植食性で、新鮮なイネ科植物の葉や茎をおもに餌としている。植物は根によって土壌から養分をすいあげるが、セシウムは植物の重要な栄養素のひとつであるカリウムに化学的性質がよくにているため、原発事故後に土壌に降下した放射性セシウムの多くは植物にとりこまれていく。しかし、降下してから時間がたつと、放射性セシウムは土壌に吸着・固定され、植物に吸収されにくい状態へと変化する[14)]。

2012年以降、コバネイナゴにおける濃度が低下したのは、物理的減衰や除染の影響とともに、上記のような土壌への吸着によって植物に吸収される放射性セシウムの量がへったためとかんがえられる。エンマコオロギの場合は、植物の茎葉のほかに昆虫やその遺体をたべることもある雑食性だが、植物や植食性昆虫をおもに摂食しているとすれば、コバネイナゴの場合と同様、土壌から植物への放射性セシウムの移行量の低下とともにその摂取量は減少することになる。

これに対し、ジョロウグモは植物質の餌にはまったく依存しない完全な捕食性である。家屋の軒下や樹上など地表からはなれたところに巣網をはり、そこにかかった昆虫などを餌としている。いくつかのジョロウグモの巣網を観察すると、バッタやスズメバチなど比較的大型の昆虫がかかっていることもあるが、数が多いのは小型や中型のハエ類である。

ハエ類の多くは動植物の遺体や排泄物を主食とする腐食者であるが、クロバエ類やニクバエ類のように動物質の遺体や糞などをたべるものと、ミバエ類やショウジョウバエ類のように熟した果実や発酵した樹液など植物質の餌をたべるものがいる。そしてハエ類のもうひとつの特徴は、生活史のなかで移動性のとぼしい幼虫期におもに栄養摂取をおこない、成虫期にはたかい飛翔能力によってひろい範囲に分散し、交尾や産卵をおこなうことである。ハエ類の幼虫は耕作地の多い平地でも森林におおわれた山地でも成育することができ、成虫は産卵のためにこれらの場所を行き来する。そうしたハエ類のなかには、多量の放射性セシウムが集積している、いわゆるホットスポットで成育した個体もいることだろう。そのような個体がたまたまジョロウグモなどの造網性クモ類の巣網にかかれば、それをたべたクモの放射性セシウム濃度はたかくなると予想される。調査ではジョロウグモの個体によって放射性セシウム濃度にばらつきが大きかったこともこの仮説を支持しているように思われる。

（4）食物連鎖における放射性セシウムの移行

以上の仮説を検証するため、2015年からは森林に生息する節足動物をめぐる放射性セシウムのうごきを調査した。調査地には浪江町の小丸地区をえらんだ。同地区で原発事故後も牛の放牧をつづけている小丸共同牧場の畜主である渡部典一さんに案内してもらい、高瀬川の渓谷をみおろす里山一帯で採集をおこなうことにした。小丸地区をふくむ浪江町の中山間地域は、現在もほぼ全域が帰還困難区域に指定されている[15)]。調査にあたっては浪江町役場に申請して立入許可をとった。

2018年９月に、針葉樹と広葉樹の混合林でおおわれた山腹に３か所と高瀬川の川岸に２か所、それぞれ動物質と植物質の誘引剤を仕こんだトラップをしかけた（**図Ⅱ-4-4**）。トラップはジョロウグモの巣網がちかくにある樹木の枝に、地面からの高さが1.5～２mになるようにつるした。８日後にトラップを回収し、サンプルの外部をよく洗浄して分類群にわけ、ゲルマニウム検出装置でセシウム137の濃度を測定した。

植物質の誘引剤で多くとれたのは、スズメバチ類とヤガ科のキシタバ属であり、放射性セシウムの濃度は760～2,590Bq/kgであった（**表Ⅱ-4-1**）。腐食性のハエ類は数が少なかったが、1,000Bq/kg以上の放射性セシウム濃度をしめすクロバエ科やイエバエ科のサンプルもあった。

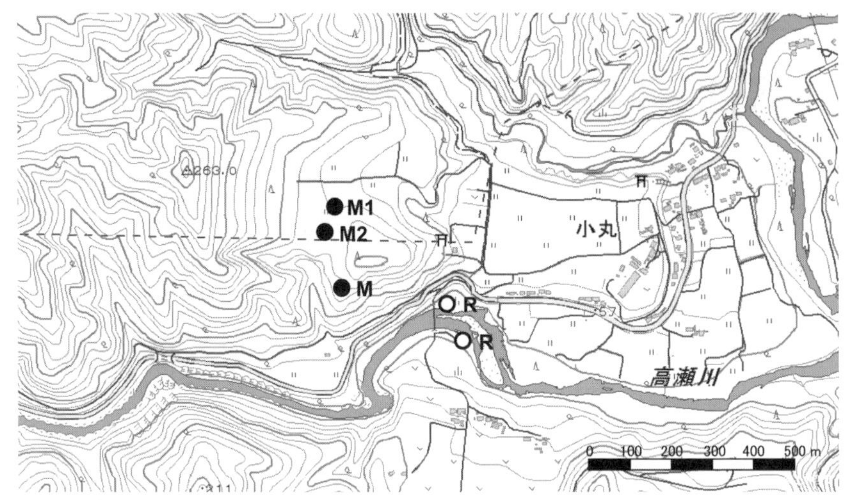

カシミール3D ©1994-2020 Sugimoto Tomohiko

図Ⅱ-4-4　浪江町小丸地区の調査地と誘引トラップの設置場所（2018年9月）

黒丸と白丸はそれぞれ山腹と川岸の設置場所をあらわす。柿沼（2019）より改変。

いっぽう動物質の誘引剤では、クロバエ科・ニクバエ科・イエバエ科のほか、シデムシ類（コウチュウ目）が捕獲された。いずれのサンプルも検出限界以上の放射性セシウムが検出され、高いものでは1,300Bq/kgに達した。また、川岸よりも山腹の森林内で捕獲されたサンプルのほうが総じて放射性セシウム濃度が高かった[16)]。

この結果をどうかんがえたらよいだろうか。まずいえることは、帰還困難区域の森林に生息する節足動物からは、その食性にかかわらず、原発事故から７年以上たった時点でも、かなり高濃度の放射性物質が検出されるということである。８日間で誘引トラップに捕獲されたサンプルにはスズメバチ類やチョウ類などの大型の昆虫もふくまれていたが、クモが餌とする頻度からいえばクロバエ類など小型の昆虫が圧倒的に多いとかんがえられる。ジョロウグモの場合、春に孵化してから成熟するまでに半年ちかくかかるが、その間にクモが摂食するクロバエ類は相当な数にのぼるものと推測される。

表Ⅱ-4-1　誘引トラップにより捕獲された昆虫の分類群別放射性セシウム濃度（2018年9月）

誘引剤の種類／トラップ[1]／分類群	生物量 (g)	個体数 (頭)	^{137}Cs濃度[2] (Bq/kg 湿重)
植物質誘引剤			
M1	24.5		
オオスズメバチ	24.5	15	2587 (12)
モンスズメバチ	7.0	9	1934 (23)
キシタバ属	6.5	10	1075 (24)
イエバエ科	1.1	67	1485 (113)
クロバエ科	0.4	13	1666 (274)
M2			
オオスズメバチ	3.2	2	3411 (45)
キシタバ属	1.3	1	758 (101)
イエバエ科	0.0	2	ND (2423)
M3			
イエバエ科	0.1	4	ND (1998)
R1			
モンスズメバチ	1.9	3	594 (69)
ニクバエ科	1.0	18	188 (115)
クロバエ科	0.8	47	1869 (163)
イエバエ科	0.5	27	308 (228)
動物質誘引剤			
M1			
ニクバエ科	0.30	4	841 (401)
イエバエ科	0.13	6	1304 (900)
M2			
クロバエ科	11.73	164	597 (15)
クロシデムシ	7.83	4	112 (18)
ヨツボシモンシデムシ	7.23	32	166 (20)
ニクバエ科	0.81	10	296 (150)
イエバエ科	0.43	31	989 (267)
R1			
クロバエ科	71.15	535	512 (9)
クロシデムシ	9.63	4	77 (19)
ニクバエ科	2.76	22	132 (101)
R2			
クロバエ科	10.62	155	717 (16)
ニクバエ科	0.81	12	332 (101)
イエバエ科	0.61	30	205 (204)

[1] MとRはそれぞれ山腹と川岸に設置されたトラップをあらわす。
[2] NDは測定結果が検出限界未満。かっこ内は各測定値の検出限界値。
柿沼（2019）および田中ら（2019）より作表。

クロバエ類のような野生動物の糞や遺体を餌とする動物質腐食者は、落ち葉や植物遺体などのリターを餌とするショウジョウバエ類やフトミミズ類などの植物質腐食者とともに、森林内で放射性セシウムをはこぶ媒介者となっているものとかんがえられる（**図Ⅱ-4-5右**）。これら腐食者

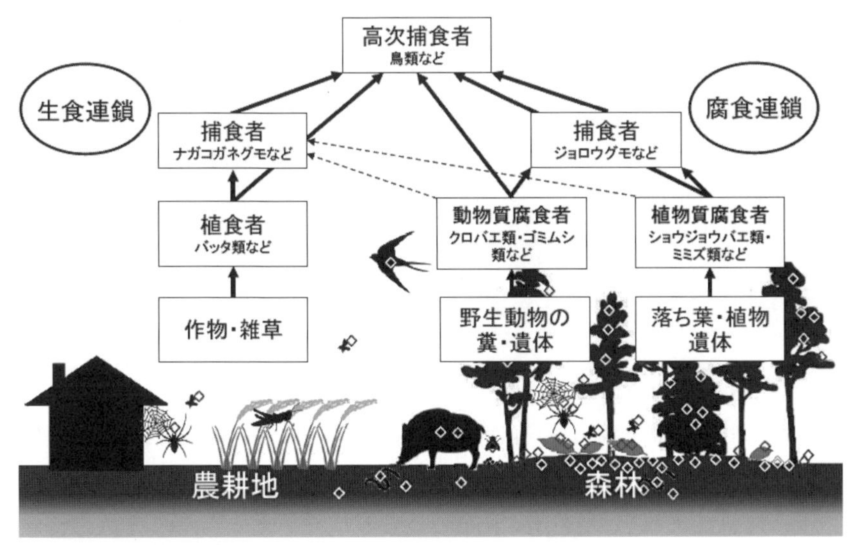

図Ⅱ-4-5　森林と農耕地における食物連鎖の概念図

実線の矢印はおもな栄養のフローを、破線の矢印は飛翔や移動によって一部が栄養としてながれることをしめす。◇は想定される放射性セシウムの存在場所と量をあらわす。

の多くはジョロウグモなどの餌となり、さらに鳥類などの餌となることによって、捕食者から高次捕食者へと食物連鎖がつながっている。このような、腐食者を起点とした各種動物を介しての栄養のながれを腐食連鎖とよぶ。すなわち、森林の樹冠や林床に降下した放射性セシウムの一部が腐食連鎖によって移動していることが、小丸地区での調査結果から垣間みえてくるのである。

いっぽう飯舘村で採集したのは、作物や雑草など生きた植物を餌とするイナゴやコオロギであった。このような植食者を起点とした食物連鎖を生食連鎖という（**図Ⅱ-4-5左**）。腐食連鎖はおもに森林でみられ、生食連鎖は農耕地でよくみられる食物連鎖だが、中山間地域においては両者が交錯することがある。その媒介者となっているのはハエ類のようなたかい飛翔能力をもつ腐食者だとかんがえられる。

昆虫のなかには、ハエ類のほかにもトンボやチョウなどのように移動性がたかく、森林のある山地と農耕地のある平地のあいだを容易に行き来できるものが少なくない。さらに、これらを捕食する鳥類はよりひろい範囲を移動することができる。原発事故により放出された放射性物質は現在、ほとんどが立ちいりを制限された区域のなかに残存しており、外部からは現状がどうなっているのかよくわからない。しかし、地域の内外を移動する生きものたちによって、そのような情報をえることができる可能性がある。次節ではそのことについてかんがえてみたい。

（5）放射性セシウムの残存量予測とその可視化

本章の前半でのべたように、浜通り中山間地域の森林は地域住民の生業の場であった。春は山菜、秋にはキノコ、冬にはイノシシがとれ、このような「山の幸」が食卓に季節のいろどりをそえてきた。太古の昔からつづいてきたこうした人びとのいとなみは、原発事故によって困難なものとなった。森林の林床におもに残存しているセシウム137の物理的半減期は約30年であり、人びとがふたたび山の幸をあじわうことができるのはいつになるのか、このままではほとんど見当がつかない。

森林に残存する放射性物質を人為的に除去することは容易ではない。広大な地域の除染をおこなうには膨大なコストがかかり、大規模な樹木の伐採や林床土壌のはぎとりは、森林生態系の撹乱や破壊をまねく危険性がある。そこで、林床における放射性物質の量と分布を可視化することができれば、生態系に配慮した除染計画の策定が可能となり、生業の再開へも道がひらけるのではないだろうか。

具体的には、指標となる生物と土壌やリターの放射性セシウム濃度を測定し、土壌から各生物への放射性セシウムの移行率をもとめる。さらに、生物種の移動能力から各個体が栄養を依存している範囲を推定し、空間放射線量データから推定される各地点における土壌沈着量を地図上にプロットして、現時点での放射性セシウム残存状況にかんする基礎的なマップを作成する（**図Ⅱ-4-6左**）。このようなマップができれば、以後

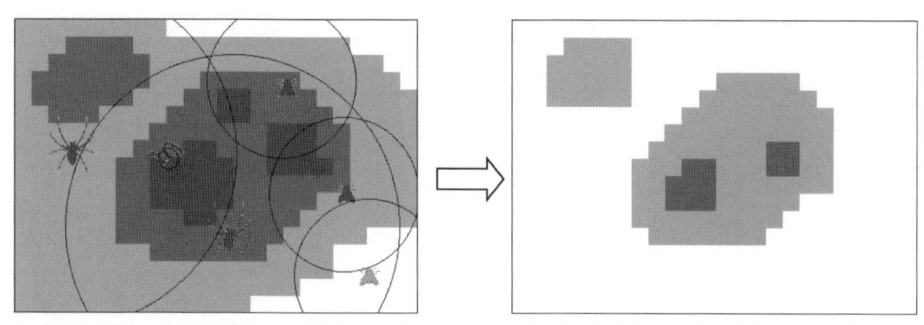

腐食者と捕食者の測定値より栄養依存範囲、空間放射線量より放射性セシウムの残存状況を推定。

X年後の放射性セシウム残存量を予測。

図Ⅱ-4-6　放射性セシウム残存状況マップのイメージ

メッシュの濃淡は推定された放射性セシウムの残存量、円は指標生物の栄養依存範囲をあらわす。

は森林内やその周辺で採集される節足動物の種や測定データから、経過年数にともなう今後の残存状況の変化を予測することができる（図Ⅱ-4-6右）。

除染作業後に従来実施されてきた空間放射線量の計測では、放射性セシウムの残存状況を正確に把握することは困難であった。この手法がいったん確立すれば、従来の調査指標である高濃度に汚染された土壌やリターにふれることなく、安全かつ簡便に放射性物質の残存状況を把握し、将来の動向を予測することが可能となるだろう。

4 おわりに

福島の原発事故の影響については、当初からいくつかの研究グループによって農作物や家畜、樹木、野生動物などについて汚染状況の調査がすすめられてきた。そのなかで、わたしたちが研究対象とした節足動物には、種が多様で個体数が多く、サンプルを確保するのに都合がよいという特性がある。しかし何といっても、昆虫は人びとにとって、非常に身近な生きものであることはまちがいない。地元の人たちとも、折にふれていろいろな虫の話をしてきた。

そんな話からのながれだったのだろうか、ある住民に「居住制限が解除されたのに、なぜ住民のかたたちの多くは帰還しないのですか」とたずねたことがある。「毎年秋になると、山へいってイノハナという極上のキノコをとり、帰省してきた子どもたちにたべさせてやるのがたのしみだった。しかしいまは放射能がでるので食用にはできない。農地だけは除染したからといわれたって、帰還する気にはなれないさ」―かれはそう話してくれた。

この言葉には、福島の復興が行政側の思惑どおりにはすすまない理由がこめられているように思われる。浜通りの住宅地や農耕地では除染がすすみ、行政レベルでは農業の再開にむけてさまざまな施策がおこなわれている。しかし、浜通りの流域をひとつの生態系ととらえる視点からみれば、収入を主目的とした農業だけでなく、たのしみや生きがいをふくめた生業が重要であることを指摘しているという点で、至極もっともな発言ではないだろうか。

本章のはじめに浜通りの地質年代についてのべた。近年、地球史におけるあらたな地質年代として「人新世」が提唱されている。これは人類が地球の地質や生態系に重大な影響をあたえていることを考慮したものである。実際、世界各地の土壌から1945年以降のいくつもの大気圏内核実験や1986年におこったチェルノブイリ原発事故に由来する放射性物質が検出されている[17)]。福島第一原発事故の痕跡も同様に地層にきざまれ、この時代におこったできごとのうごかぬ証拠を未来につたえていくことだろう。だが、それだけでよいのだろうか。このような事態にいたった原因と教訓を後世につたえることは、この時代に生きている知性ある人間（ホモ・サピエンス）としての責務ではないだろうか。

【注】

1） 農林水産省（オンライン）の定義によれば、中山間地域とは農業地域類型の区分で中間農業地域と山間農業地域をあわせた地域をさす。このうち、中間農業地域は耕地率が20％未満か林野率が80％以上、もしくは傾斜20分の1以上の田と傾斜8度以上の畑との合計面積の割合が90％以上、山間農業地域は林野率80％以上かつ耕地率10％未満である、それぞれ市区町村および旧市区町村と定義されている。[https://www.maff.go.jp/j/nousin/tyusan/siharai_seido/s_about/cyusan/]（2021年1月3日アクセス）。
2） 福島県文化振興財団「大谷上ノ原遺跡」[https://www.fcp.or.jp/mahoron/search2/hama/ohyauenohara.html]（2020年11月9日アクセス）。
3） 木村（1979）。
4） 今野美寿『相馬藩政史』上巻（相馬郷友会、1940年6月［復刻版、東洋書院、1979年12月］）を引用した岩本（2011）より。
5） 福島民友「生息域が拡大し北上―既存種環境脅かす存在」[https://www.minyu-net.com/serial/kankyo08/kankyo6.html]（2020年11月15日 アクセス）。
6） 2019年8月と2020年9月にそれぞれ開催された「東京農大サマースクール」および「東京農大オータムスクール」の一環として実施した。くわしくは本書収録のコラムなどを参照。
7） Gy（グレイ）は吸収線量、すなわち放射線によって物体にあたえられるエネルギーをあらわす単位である。物質1kgにつき1J（ジュール）の仕事に相当するエネルギーがあたえられるときの吸収線量を1Gyと定義している。m（ミリ）は1,000分の1をあらわし、1Gy＝1,000mGyとなる。
8） 日本原子力研究開発機構「50％致死線量」[https://atomica.jaea.go.jp/dic/detail/dic_detail_6.html]（2020年11月16日アクセス）。
9） 小山（1994）。
10） Hiyama et al.（2012）、Akimoto（2014）など。
11） Sv（シーベルト）は、人体が放射線からうけるエネルギー（被曝線量）をあらわす単位。エネルギーが大きければ人体におよぼす影響も大きくなる。累積値であらわされ、単位時間あたりの線量（毎時など）を評価する場合には線量率という。人体の被曝線量と吸収線量との関係は放射線の種類によってことなり、α線の場合は1Sv=20Gyと換算されるのに対し、β線やγ線、X

線などの場合は1Sv=1Gyとなる。μ(マイクロ)は100万分の1をあらわし、1mSv=1,000μSvとなる。

12) Bq(ベクレル)は、放射性物質がもつ放射能の量をあらわす単位で、1秒間に崩壊する原子の個数によってしめされる。実質的には放射性物質の量を意味するものであり、土壌や水、食品などにふくまれる放射性物質の濃度(土壌1m^2あたり、食品1kgあたりなど)を評価する際につかわれる。

13) Tanaka et al.(2020)。

14) 山口(2014)など。

15) 2020年11月現在、浪江町内の帰還困難区域は井手・小丸・大堀・酒井・末森・室原・津島・南津島・川房・昼曽根・下津島・赤宇木・羽附の13地区である(浪江町「区域再編および避難指示解除について」[https://www.town.namie.fukushima.jp/soshiki/2/13457.html] 2021年1月4日アクセス)。このうち、室原以外の12地区はすべて地域振興立法による中山間地域等対象地域に指定されている(福島県「中山間地等対策地域一覧」[https://www.pref.fukushima.lg.jp/uploaded/attachment/226571.xlsx] 2021年1月4日アクセス)。

16) 柿沼(2019)および田中ら(2019)。

17) IAEA(2010)。

【引用文献】

Akimoto S (2014) Morphological abnormalities in gall-forming aphids in a radiation-contaminated area near Fukushima Daiichi: selective impact of fallout? *Ecology and Evolution* 4 (4): 355-369

Hiyama A, Nohara C, Kinjo S, Taira W, Gima S, Tanahara A, Otaki JM (2012) The biological impacts of the Fukushima nuclear accident on the pale grass blue butterfly. *Scientific Reports* 2 (1): 570

IAEA (2010) *Handbook of Parameter Values for the Prediction of Radionuclide Transfer in Terrestrial and Freshwater Environments*. Technical Reports Series, 472, International Atomic Energy Agency, Vienna, 194 p

岩本由輝(2011)近世陸奥中村藩における浄土真宗移民の導入—木幡彦兵衛の覚書にみるその実態. 村落社会研究ジャーナル 17(2):18-29

柿沼穂垂(2019)福島の中山間地に生息する飛翔性昆虫における放射性セシウム

濃度．東京農業大学卒業論文21p
木村礎（校訂）（1979）『旧高旧領取調帳：東北編』近藤出版社、東京233p
小山重郎（1994）日本におけるウリミバエの根絶．日本応用動物昆虫学会誌 38(4): 219-229
Tanaka S, Hatakeyama K, Takahashi S, Adati T (2016) Radioactive contamination of arthropods from different trophic levels in hilly and mountainous areas after the Fukushima Daiichi nuclear power plant accident. *Journal of Environmental Radioactivity* 164: 104-112
Tanaka S, Adati T, Takahashi T, Takahashi S (2020) Radioactivecesium contamination of arthropods and earthworms after the Fukushima Daiichi Nuclear Power Plant accident. In: Fukumoto M (ed.) *Low-Dose Radiation Effects on Animals and Ecosystems: Long-Term Study on the Fukushima Nuclear Accident*. Springer, Singapore pp. 43-52
田中草太・柿沼穂垂・足達太郎・高橋知之・高橋千太郎（2019）福島原発事故後の飛翔性昆虫における放射性セシウム濃度．『20th Workshop on Environmental Radioactivity (KEK Proceedings 2019-2)』高エネルギー加速器研究機構、つくば pp. 179-182
山口紀子（2014）土壌への放射性Csの吸着メカニズム．土壌の物理性126：11-21

第5章 森林における10年間の放射性物質の定点モニタリングと森林保育による希望の萌芽

上原　巌（森林総合科学科）

1 2011年からの活動の概要：放射性降下物質の分布の特徴

東京農業大学では、2011年から「東日本支援プロジェクト」が大澤貫寿学長（現理事長）の主導のもとで立ち上げられ、森林総合科学科に所属する私は、とりわけ高い放射線量が報告されている福島県南相馬市を主な対象地とし、同市の森林に複数の調査地を設けて、様々なサンプルを採集し、放射線量の定点測定を行ってきた。

調査は南相馬市の複数の森林を地区、標高、地形、施業、樹種ごとに分け、それぞれの樹冠、樹幹、樹皮、枝葉、種子、花芽、萌芽枝、落葉層、天然更新樹木の実生、キノコ原木、林地残材、土壌、農業用水などについて放射性物質濃度を測定した。なお、測定を行った機器は、日立ALOKA社製の放射線量測定サーベイメータ、同社製の食品放射能測定システム、Canberra社製同軸型ゲルマニウム半導体検出器、ニッセイ社製空間線量計などである。この調査研究は、2011年11月から開始したので、2020年11月でちょうど10年となる。

この10年を振り返ると、2011年当初、森林での放射性物質濃度は、林床の落葉層がきわめて高いことが特徴であった。また、それは、南相馬市の奥まった谷地形の場所、あるいは東京電力福島第一原発方向からの風を大きく受けたと推察される平野部の森林で顕著であった。

個々の樹木では、全般的にスギ、ヒノキなどの針葉樹人工林で高い傾向が、落葉広葉樹二次林では低い傾向が認められ、これは事故発生時の着葉の有無も原因であると思われた。また、樹皮と木部との比較では、樹皮部分の放射性物質濃度が高く、放射性降下物質は樹皮に主に付着していることが示された。個々の部位では、立木の下部よりも上部で線量が高く、側方からではなく、主に上方から降下物質が付着した傾向もうかがえた。

福島は、全国有数のキノコおよびキノコ原木の一大生産地である。事故発生時、市内各地の林冠下などには各種のキノコ原木が伏せ込み、あるいは山積みされていた。しかしながら、各地のキノコ原木の放射性物質濃度を測定した結果では、被災翌年の2012年の測定であっても、前述した森林の立木と比較すると数値は低いものが多かった。また、林冠下ではなく、まったくの露地に山積みされていた原木であっても、500Bq/kg未満のものがみられた。このことから、放射性降下物質は、シートを敷くように市内に一斉、一様に降り注いだのではなく、ホットスポット的に斑状および縞状に降下したことも推察された。その縞状の状況からは、反応拡散方程式による放射性降下物質の濃度の推定も可能であるように考察される。

その他の採集サンプルでは、2012年春に芽生えた草本植物では放射性物質が検出されなかったものが多く、農地の水路、農業用水、山林からの流水、雪解け水、ため池の水など、農林業に関わる水についても分析を行ってきたが、2020年９月現在もそれら水サンプルからの放射性物質は検出されていない。さらに、植物から蒸散される水の放射性物質濃度を測定するために、若齢と壮齢のスギと低木のコクサギの枝葉をビニール袋で24時間密封し、それらの葉から蒸散される水をトラップして、その測定も行ってみたが、放射性物質濃度はほとんど検出されなかった。これらのことから、当初考えられていたような「水が放射能によって汚染されているのではないか？」との予想はいずれも当たらなかった。

2 2020年11月現在の森林における放射線量の状況

それでは、本稿を書いている現在の状況はどうだろうか？前書『東日本大震災からの真の農業復興への挑戦』（2013年の測定データ）以降について、ここでは報告する。

2018年６月に、福島県南相馬市において2011年から定点観測を継続している５つの林分（ヒノキ人工林、スギ皆伐地、スギ高齢林、スギ間伐林、広葉樹林）において、森林土壌、リター、木本植物の枝葉、花芽、果実等の計37種類のサンプルを採集した。採集したサンプルは、生重量の計測後、乾燥器にて全乾状態にし、含水率を算出した後、Ｕ８容器に詰め、ゲルマニウム測定器にて、１サンプルにつき６～24時間、放射性物質濃度を計測した（誤差はいずれも３％未満）。測定結果の結果は、以下の通りであった。

① 測定を開始した2012年時と比較すると、２年半の半減期を過ぎたセシウム134の放射線量は各測点で大きな減少がみられた。半減期30年とされるセシウム137の数値も少しずつではあるが、漸減傾向にある。

② 2011年では森林のリター層（落葉層）の放射性物質濃度が最も高かったが、その線量の減少がみられる（**図Ⅱ-5-1、5-2**）。このことから、リター分解の進行とともに放射性物質は森林土壌に移行していることもうかがえる。つまり有機態から無機態への無機化の変化にともなって放射性物質も移行していることがうかがえる。今後は、無機化した養分が林木に再吸収される際に、どの程度放射性物質も取り込まれるかが次段階の問題となることが考えられる。

森林土壌では、表層５cm部の放射性物質濃度が高く、10cm層では減少し、林分によっては10cm層では大きく減少するケースがみられる。このことから、放射性降下物質は、土中ではなく、土壌の表層部に堆積

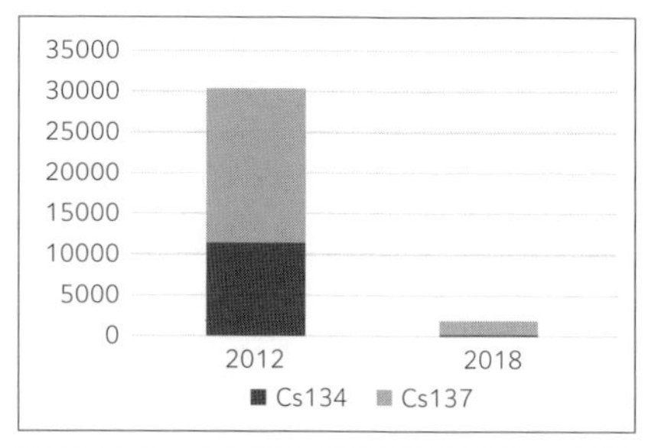

図Ⅱ-5-1　スギ高齢林床のリターの放射性物質濃度の2012年と2018年の比較(単位：Bq/kg)

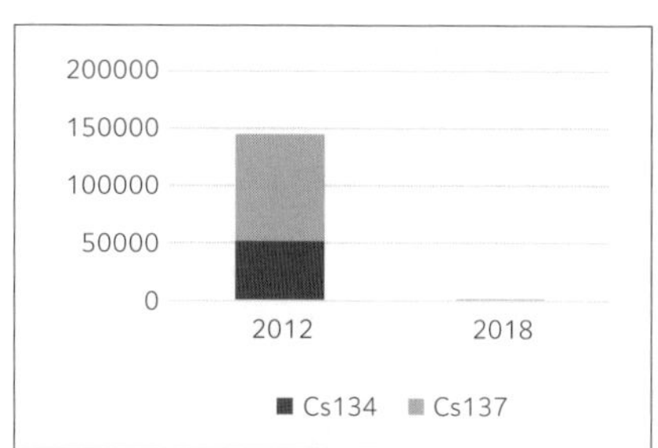

図Ⅱ-5-2　スギ間伐林床のリターの放射性物質濃度2012年と2018年の比較（単位：Bq/kg)

していることが依然としてうかがえる（図Ⅱ-5-3、5-4)。

③　南相馬市における定点調査地のシイタケ原木（コナラ）の萌芽枝からは、2016年から継続して、セシウム134、137ともに検出されていない。

④　2016年に高い放射性物質濃度（100,000Bq/kg前後）が検出された地衣類（ウメノキゴケ）は、2018年には80,000Bq/kg前後へと放射性物質濃度の減少が認められた。

セシウム134が非検出だったサンプルは、クロモジ（クスノキ科)、ヤマグワ（クワ科)、クリ（ブナ科)、コナラ（ブナ科)、イヌシデ（カ

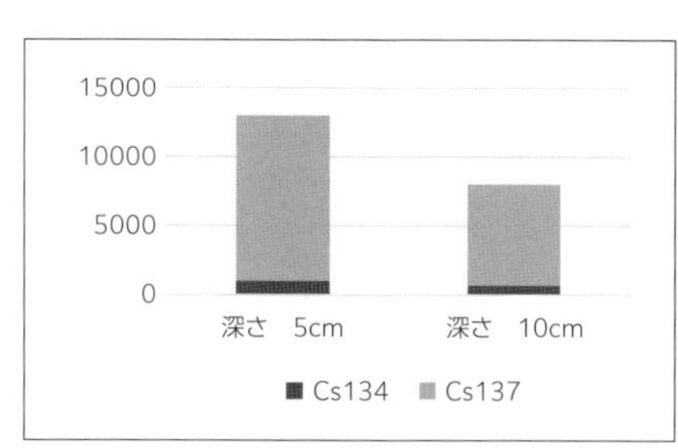

図Ⅱ-5-3　スギ高齢林土壌の深さ5cm層、10cmの放射性物質濃度の比較（単位：Bq/kg)

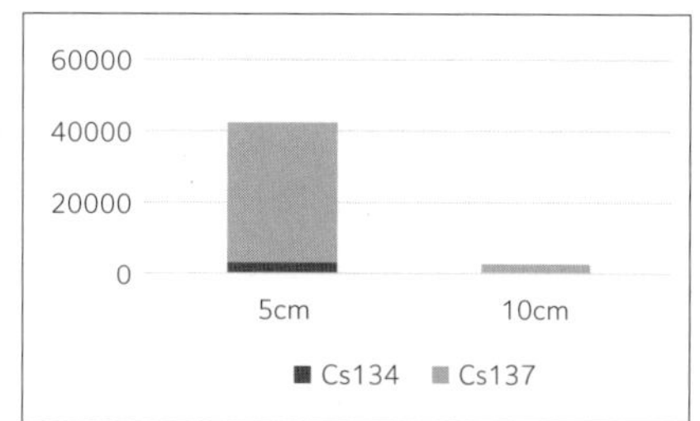

図Ⅱ-5-4　スギ間伐林土壌の深さ5cm層、10cm層の放射性物質濃度の比較（単位：Bq/kg)

バノキ科)、アサダ（カバノキ科)、ミズキ（ミズキ科)、サンショウ（ミカン科)、コクサギ（ミカン科)、ヤマフジ（マメ科)、アセビ（ツツジ科)、若齢スギ（ヒノキ科)、ウワバミソウ（イラクサ科）などの計23種におよび、さらに、セシウム134、セシウム137ともに非検出であったサンプルも９種であった（表Ⅱ-5-1)。

表Ⅱ-5-1　2018年度採取のサンプル一覧と測定結果

サンプル	生重量（g）	乾重量（g）	含水率（%）	Cs134	Cs137
＜ヒノキ若齢林＞					
リター	39.63	16.46	58.4	770.16	8174.4
土壌	74.7	49.35	33.9	936.58	11336
ヤマグワ	15.3	5.36	65	非検出	非検出
アブラチャン	9.48	4.01	57.7	非検出	168.44
＜スギ間伐林＞					
リター	46.96	19.73	58	112.14	1591.3
土壌　5cm	98.4	49.88	49.3	3140.5	39189
土壌　10cm	95.42	67.25	29.5	202.49	2504.7
ウワミズザクラ	30.9	10.19	67	797.61	9044.2
＜広葉樹林＞					
コナラ萌芽枝葉	26.32	12.36	53	非検出	非検出
クリの枝葉	30.4	13.25	56.4		
クリの雄花	16.41	5.3	67.7	非検出	41.302
ウメノキゴケ	6.87	2.9	57.8	1199	13051
＜スギ高齢林＞					
シラカシ	34.62	18.25	47.2	非検出	439.03
アカガシ	29.11	13.89	52.2	97.438	1562.3
シロダモ	15.82	7.18	54.6	非検出	382.64
フサザクラ	29.56	7.39	75	非検出	162.91
アセビ	11.91	4.05	66	140.6	2021.2
ウワバミソウ	25.03	2.78	88.8	非検出	143.48
スギ　若齢	35.74	15.43	56.8	非検出	非検出
ヒサカキ	4.81	1.81	62.4	非検出	非検出
ムラサキシキブ	30.35	9.48	68.8	非検出	279.26
モミ	16.89	7.25	57	102.5	942.3
スギ　皆伐　実生	17.69	7.82	55.8	非検出	非検出
アカメガシワ	23.99	6.46	73	非検出	非検出
スギ高齢林　チドリノキ	17.56	6.37	63.7	非検出	163.99
クロモジ	15.55	5.15	66.8	非検出	非検出
イヌシデ	23.92	9.85	58.8	非検出	非検出
スギ高齢林　オニイタヤ	24.58	9.44	61.6	非検出	321.67
皆伐　クサギ	47.72	10.2	78.6	非検出	非検出
皆伐　土壌　10cm	53.1	38.69	27.1	84.926	1114.4
皆伐　リター	30.25	17.87	40.9	50.831	990.15

武山　リター	37.58	20.12	46.4	非検出	284.06
スギ高齢林　リター	40.79	14.82	63.6	146.85	1852
武山　土壌10cm	75.27	51.85	31.1	148.48	1555.2
皆伐　土壌５cm	83.94	55.17	34.2	63.849	1036.5
武山　土壌５cm	81.67	48.9	40.1	1008.3	11980
スギ高齢林　土壌10cm	66.08	40.8	38.2	684.41	7320.2
スギ高齢林　土壌５cm	121.68	63.84	47.5	2120	25504

3　津波被害地での生存樹木とは？

2011年の大津波によって、沿岸部の人工植栽のクロマツはまずその物理的な作用によって、内陸部のスギなどは塩害によって、それぞれ壊滅的な打撃を受けたことは周知のとおりである。大震災は津波の持つ甚大なエネルギーの猛威と潮の強さをあらためて我々に知らしめることとなった。しかしながら、その壊滅的な打撃の中で生存している樹木はないのだろうか？

東日本支援プロジェクトは、2011年から始められていたが、震災から４年後の2015年に、あらためて南相馬市の沿岸部を詳細に調査してみた。すると、ケヤキ、タブノキの２樹種の生存木が点在していることが確認された（**写真Ⅱ-5-1、5-2**）。「奇蹟の一本松」はことに有名であるが、

写真Ⅱ-5-1　海岸近くに生存していたタブノキとタヌキの溜めフン（2015年南相馬市）

写真Ⅱ-5-2　海岸近くに生存していたケヤキ（2015年　南相馬市）

ケヤキ、タブノキの生存木が津波被害地にあったことは、存外に知られていない。またそれらの生存木は、植栽木ではなく、自然木であった。風散布、あるいは動物散布によって、その地に芽生えたそれぞれの実生が大地に根をしっかりと張って成長し、津波と潮に耐えていたのだ。実際、タブノキの周りでは、木の実の入ったタヌキの溜めフンもみられた。荒涼とした沿岸地にはタヌキがすでに戻ってきていたのである。タヌキはタブノキの実を好む。その実を食べたタヌキがあちこちに移動し、タブノキの種子を排泄し、また新たなタブノキの稚樹が芽生えていく。野生動物もまた、自然の植生回復、ひいては森づくりの一環を担っていたのだ。

従来、海岸部の樹木植栽ではクロマツが推奨されてきたものの、この津波後の生存の状況からは、タブノキ、ケヤキの天然更新も今後奨励していく可能性がうかがえる。またさらに海岸部においても、タブノキをはじめ、トベラ、ハマヒサカキなどの耐潮性の強い樹木の自然散布の実生がみられ、これは震災後の堤防建設よりもずっと早かった。人間のおしはかることのできない場所で、自然のいとなみはおこなわれ、自然の遷移（succession）がすでに始まっていたのである。

さらに今後の森林再生の施業方策としては、間伐、除伐により、林内空間をあけ、林床照度を高めることによって樹木の天然更新（風散布、動物散布）を促進し、従来の針葉樹人工林との天然広葉樹との「針・広混交林」化をすすめることが得策であり、かつ現実的で、将来の展望を持てるものであると考えられる。そのため、2019年度は、間伐、除伐などの適切な森林保育がなされないまま放置されている民有林に着目して、その林地において間伐、除伐を実施し、森林の新陳代謝をはかるこころみをおこなった。また、その実施については、「福島イノベーション・コースト構想」による研究助成と、相馬地方森林組合による作業協力を全面的にいただいた。

4 放置林の間伐のこころみ：2019年

2011年の災害以前に、日本全国に手入れ不足のスギやヒノキの人工林があり、特に数十年にわたって、実質上の放置状態になっている森林は、「放置林」または「放置人工林」と呼ばれる。震災そして、原発事故という二重の打撃により、福島県内には、その放置状態がさらに継続される森林が増えてしまった。これは天災と人災の重複災害であるといえる。放射性降下物質による影響は今後まだ50年前後続くことが予想される。

しかし、その放射性降下物質の低減を待つほかにも何か手立てはないだろうか？ただでさえ、鬱閉し、閉鎖性が高まる人工林は、病害虫のリスクも高まり、不健全な林分は災害の引き金になることもある。2018年の放射性降下物質の動態からは、セシウム134（半減期２年）が微弱になり、新たに発生し、芽生える実生や萌芽枝からはセシウム134、137ともに未検出のサンプルが増加したことを前述した。そこで、これらの状況から、2019年には、典型的な放置林で間伐を行い、新陳代謝をはかることで、その後どのような変化がみられるかを考察することにした。間伐の実施にあたっては、南相馬市の地元の相馬地方森林組合に作業委託をし、間伐対象の民有林を公募していただいたところ、相馬市内に30年以上放置されているスギ林が間もなく見つかった。このスギ林は、1983年に植栽された林分であり、コナラも混交している。立木密度は2000本～2400本前後で、樹高はスギ、コナラともに８～14m、胸高直径（DBH）はともに15～25cmであった（**写真Ⅱ-5-3**）。

また、林分の土壌は、砂質壌土～埴質壌土である。また、スギの立木には、間伐、除伐不足による風通しの悪さによって発生したと思われるコブ病（癌腫病）が認められた。

林内の平均相対照度は間伐前の2019年９月の時点で、平均7.4%（±13.8）であった。

間伐は2019年10月中旬に実施した。間伐は本数間伐でおこない、15%、30%、50%の３段階の間伐をモデル的に実施し、その前後の環境比較も行った（**写真Ⅱ-5-4**）。

間伐前後の相対照度の変化を**図Ⅱ-5-5**に示す。間伐本数の段階ごとに、照度が回復していることがうかがえる。通常、コナラなどのブナ科の樹木の天然更新の林床の相対照度は30%前後が必要とされているので、やはり放置林の場合には50%程度の間伐が必要とされることが今回の結果からも確認された。

照度測定と同時に間伐後の林床の植生調査を行ったところ、主な下層植生としては、エンコウカエデ、ヤマザクラ、アカマツ、コナラ、クロモジ、シロダモ、ウラジロノキ、ウルシ、アオダモ、ツクバネ、モミ、イヌツゲ、ハリギリ、コクサギ、シャリンバイ、ガマズミ、オトコヨウゾメ、ミツバアケビなどがみられ、有用広葉樹を数多く含むことが確認

間伐前の林分状況（2019年９月24日）

林冠の状況

林床の状況

下層植生の様子

写真Ⅱ-5-3　間伐対象となった相馬市内のスギ林

された。ササ類を刈り取ることによって、今後これらの各樹木の成長を促進することも期待された。

そして、これらの結果をふまえ、同林分の今後の施業としては、

①　スギ植栽林を、スギ・コナラ混交林を主体とした針・広混交林に仕立てていく。

スギ林に混交するコナラを残存しながら、林床における天然更新を促進し、種の多様性の増加をはかり、土壌流亡などを抑止する森

15%間伐区の状況　15%間伐区の林冠状況

30%間伐区の状況　30%間伐区の状況

50%間伐区の状況　50%間伐区の状況

写真Ⅱ-5-4　間伐の状況

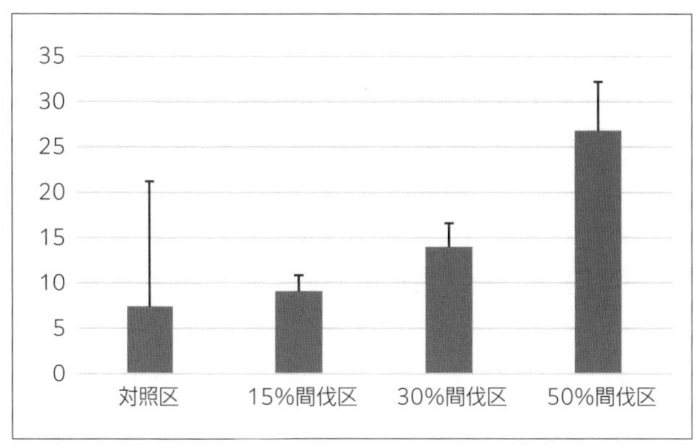

図Ⅱ-5-5　各間伐区の相対照度（%）

林を形成していく。いわば、「人工植栽＋天然更新」による森林の再生をはかっていく。

② 林床に芽生え、生育しているクロモジ、ハリギリ、アオダモなどの有用広葉樹を育成する。それらのモニタリング、分布密度を調べながら、それらの有用広葉樹も育成も同時に行っていく。

の２案を提案したい。

福島各地の森林では、いまなお、放射性降下性物質による影響は残存しているが、森林の保育作業を促進することにより、森林自体の新陳代謝を活性化させていきたい。2019年の間伐のこころみからもその思いを新たにしたところである。

5 福島の森林・林業の将来像
―森林再生の希望の萌芽―

2020年９月21日（月）、南相馬市において、地域の高校生を対象とした、東京農業大学の「オータムスクール」が開催された。「オータムスクール」の名称は、本来は「サマースクール」であり、夏休み中に実施する予定であったのだが、新型コロナウイルスによる影響から実施が秋に先延ばしとなってしまったのである。

私は、その各プログラムの中で、身近な樹林において、福島の生態系、森林を考えるワークショップを担当した。公園からスタートし、樹林地や寺社林なども訪ねながら、その木立のなかに芽生えた、風や動物による種子散布の稚樹を、高校生と半日探し歩いた。南相馬市の市街地であっても、自然散布の樹木は数多く発見することができ、特に鳥散布の樹木が多くみられた。また、一緒に歩いた高校生は日頃から自然に親しんでいる生徒が多く、歩きながらミノムシやカタツムリなどを次々と発見していった（**写真Ⅱ-5-5**）。最後には、集めた樹木の枝葉から複数の種類の芳香水（アロマ・ウォーター）を作成し、それぞれお土産で持ち帰ってもらった（**写真Ⅱ-5-6**）。

会の終了時に、参加した高校生から１日のオータムスクールで学んだことを発表してもらったが、自分たちが普段気付かないところでも、種

写真Ⅱ-5-5　地元の高校生と樹林での観察

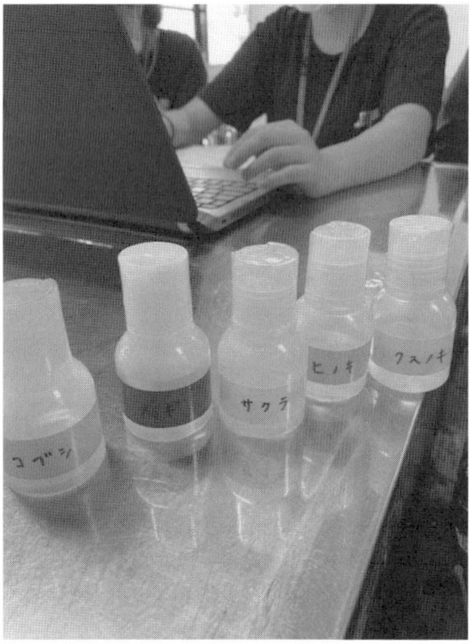

写真Ⅱ-5-6　５種類の樹木から芳香水を製作した

子が落ち、樹木が生まれているということが印象深かった様子がうかがえた。

これは小さな気づきであったかも知れないが、この小さな自然のいとなみは、時間の経過とともにやがて大きな森をも形成していく力を持っている。つまり市街地での樹林、寺社林において自然散布の樹木の新たな芽生えが確認されたように、広大な福島の森林の中にも、新たな稚樹、樹木は生まれているからである。そして、その樹木には放射性降下物質が非検出の個体も震災から10年の時を経て増えてきた。スギ、ヒノキ、アカマツなどの人工針葉樹林、そしてコナラなどの広葉樹二次林が福島には大面積に存在するが、そうした人の手の加わった森林に、自然の力で加わった樹木による混交によって、福島の森林と林業が新しく生まれ変わることを期待したい。それには、やはり間伐等の適切な森林保育の管理によって、林間、林床に光を入れ、天然更新の機会と確率を高めていくことである。今回のオータムスクールで高校生たちは、そうした自然の再生力を発見してくれたのだと思う。高校生とのふれあいのひとときは、その希望の萌芽でもあったのだ。

Interview

農大の研究データをもとに、福島の森林の再生を！

相馬地方森林組合　組合長　八巻一昭

2011年から東京農大には、大変お世話になっております。震災後の当初、福島県内で公表されていた森林のデータには首を傾げる数値が多く、本当のところはどうなっているのか？と基本的な疑問を持ち、調査の依頼をしたことがお付き合いのきっかけです。以来、東京農大に測定、提供していただいたデータはこの相馬地域で信頼され、活用されております。

森林・林業というものは、植える、育てる、伐る（利用する）の3つが基本であり、この3つのサイクルを循環していくことが林業の要です。それが、原発の被害で、山林に入れなくなりました。そこで、農大のデータは、その際の森林再生の礎として大いに活用されました。というのは、地域行政への森林再生の働きかけの基礎資料としてそのデータを活用させていただくことができたからです。写真や言葉でいくら説明しても人を動かすことはできません。やはりしっかりとした客観的なデータが必要なのです。農大に提供していただいたデータからは報告書を作成し、間伐の発注などに活用することができました。

相馬地方森林組合の皆様には、放置林での間伐作業でご協力をいただいた

私は、森林・林業というものは、大きな意味での地球環境保護だと思っています。良質な木材を提供するだけでなく、CO_2削減や温暖化防止、土砂崩れ防止、水源涵養など、森林・林業に我々が持つ使命には大きなものがあります。かつて「山持

ち」といえば、地域では「お大尽様」でした。それが昭和30年代から林業の様相が変わり、木材価格の下落とともに山が荒れていきました。これは手入れをしなくなったせいもあります。

そこで、今後の東京農大には、商品価値のある樹種をご教授いただきたい。市場に出すことができる、利用価値のある樹種です。2019年のプロジェクト発表では、スギ・ヒノキなどの針葉樹に、コナラなどの広葉樹を混交し、その他の有用広葉樹を育成する方法が上原教授から提案されました。間伐率の違いによる照度の変化なども勉強になりました。このような研究結果を福島県内でも森林組合員をはじめ、啓発していきたい。私たちの地元の福島の山でこんな研究が行われて、こんな方法があるんだよということを示し、地元の山林に目を向けさせたいと思っています。

Interview

森づくり、人づくりを農大に期待したい

南相馬市　山林家　武山洋一（農大林学科　1974年3月卒業）

2011年の震災後、森林組合から山林調査のリクエストがあり、その際、東京農大との調査研究に山林を提供しました。当初は津波による海岸部の被害調査が先行していましたが、次に山や山林の調査も必要だということになったわけです。

価値があり、利用できる山林を作るには手入れが必要です。間伐だけでなく、枝打ちも必要で、私は６ｍの高さまで枝打ちを行って、３ｍの丸太が２本取れるようにしています。しかしながら、その枝打ちには補助事業は活用できないのですね。枝打ちのできる人材はとうに高齢化し、本当に人材不足の状況になっています。

現在、林業の様相は変わり、取引価値のある木材は100年生前後の高齢木、大径木になってきています。また、建築の様式も変化し、現在では薄い板や細い角材を組み合わせた工法もあり、かつては節のあるなしが価格に影響し、丸太は通直であることが基本でしたが、現在ではそれらの要求も低くなり、結果的に手間をかけて保育作業を行っても、価格と比例しない状況も一方では出てきました。

武山さんは今でももちろん現役！ 今日も地元の山林を歩いておられます

私の父親は林道づくりについて先進的に力を入れ、高い林道網にして、昭和48年には農林水産大臣賞をいただきました。当時、東北には林学科を持つ大学は多くなく、私は東京農大の林学科に進学し、アーチェリー部で活動しながら、森林経営学

研究室に所属し、森林経営や林道について学びました。
　東京農大で学ぶことによって、自分の家の山林を客観的に眺めることができるようになり、「良材」という視点を持てるようになりました。私の家の山林の100年以上の材は、岐阜、京都、奈良などに運ばれ、神社、仏閣の建築材になっています。やはり長い年月をかけて手を入れると、そこには価値が生まれるのですね。その点、この地域には相馬藩時代からの山林が今でもあります。
　震災後、農大の調査研究のデータには本当にお世話になり、この地域で活用されています。そこで農大にお願いが一つあるのですが、ぜひ地域の農業高校からの学生へ門戸を広げていただき、その人材を地域に戻してほしいと思います。農大生のいいところは、チャラチャラしていない、素朴で純朴な学生が多いことです。まさに福島にはそのような学生が数多くいます。森づくりと人づくりを重ねてお願いしたい次第です。

第6章 押し寄せる野生動物と福島県浜通りの復興

山﨑晃司（森林総合科学科）・
鈴木郁子（東京農業大学大学院（林学専攻）修了）

広大な面積を持つ上に複雑な地形を有する森林は、市街地や農耕地と異なり放射性物質の除染が難しい。また、本来の人の生活空間であっても、依然として放射線量が高いために避難指示区域に指定され、人の活動が制限されている地域も存在する。それらの地域では、野生動物が数と分布を増加させていることが想像される。増加した野生動物は、当然周辺の地域に溢れ出してくる。このような機序は、今後の里山地域の復興にブレーキをかける心配がある。本章では、浜通り地区側の阿武隈山地に着目して、野生動物の現在に至る生息状況を概説すると共に、本プロジェクトにより実施されているセンサーカメラなどによる野生動物モニタリング結果の進捗を紹介し、今後の野生動物管理についての提案を行う。なお、本章で扱う“野生動物”は、人との間で軋轢を生じさせやすい、中型サイズ以上の哺乳類種に限定した。

1 原発事故以前の阿武隈山地の野生哺乳類の状況

浜通り地区側の阿武隈山地（以下、阿武隈山地）に焦点を絞った哺乳類相に関する報告は少ない。環境省自然環境局生物多様性センター(2004）は、日本全土を対象として数種の哺乳類（阿武隈山地に生息可能性がある種では、ニホンジカ*Cervus nippon*（以下、シカ)、カモシカ*Capricornis crispus*、ニホンザル*Macaca fuscata*（以下、サル)、ツキノワグマ*Ursus thibetanus*（以下、クマ)、イノシシ*Sus scrofa*、キツネ*Vulpes vulpes*、タヌキ*Nyctereutes procyonoides*、アナグマ*Meles anakuma*の８種）を対象とした、2.5次メッシュ・スケール（５km×５km）での1978年と2003年の分布調査をまとめている。

それによると、シカは1978年には分布しなかったものの、2003年には僅かなメッシュで確認がされた。カモシカおよびサルも同様で、1978年には分布が認められないが、2003年には宮城県との県境付近の北部を中心に分布が広がった。イノシシ、タヌキは、両年共に広い範囲に分布が認められた。キツネ、アナグマは比較的広範に分布するものの、2003年には分布域を減少させている。クマは、北部の一部メッシュに両年共に分布が認められ、2004年にはいわき市にも僅かな記録が現れる。なお、山﨑・稲葉（2009）は、阿武隈山地南部におけるクマの1995年から2008年の生息情報を集め、子連れメスや幼獣の存在からすでに繁殖定着していることを示唆した。

これら８種以外で阿武隈山地に生息する中型以上の哺乳類として、在来種ではテン*Martes melampus*、ノウサギ*Lepus brachyurus*が挙げられるが、分布動態に関する先行報告はない。外来種では、ハクビシン*Paguma larvata*、“特定外来生物による生態系等に係る被害の防止に関する法律”（以下、外来生物法）により特定外来生物に指定されているアライグマ*Procyon lotor*がいる（野馬追の里原町市立博物館2004）。

ハクビシンについての分布情報は少ないが、原町市（現・南相馬市）橋本町では、1965年頃にはすでに目撃事例が報告されている（野馬追の里原町市立博物館2004）。また、隣接する茨城県大子町において1963年に初認されており（山﨑ほか2001）、福島県側からの南下が想像されることから、50年以上前に阿武隈山地に定着していた可能性がある。mtDNA解析でも、茨城県、栃木県、宮城県のハクビシンは同じハプロタイプを示しており（Endo et al. 2020）、これら３県に囲まれる福島県も同じ出自の集団に属する可能性が高い。

アライグマは、福島県の防除計画対象種ながら（福島県2015）、情報が限定的である。2006年の生息情報では、伊達市、川俣町、楢葉町、南相馬市、いわき市があるが、詳細は不明である。南相馬市役所HPでは、1980年代に小高区で目撃があり、2000年に原町区などで複数の目撃情報、2004年にさらに情報が広がり、原発事故前年の2010年には原町区、小高区など全域に広がると記述されている。これらから、浜通りの本格的定着は2000年代前半以降と考えられる。

以上を要約すると、原発事故以前では、在来種としてはキツネ、アナグマの分布域に減少傾向が認められたものの、その他の種は安定、もしくは増加傾向にあったようである。また、在来種ではあるが、長い空白期間を経ての再分布種としてクマ、シカの情報が散見されはじめた。外来種ではハクビシンがすでに広範に定着していた可能性が示唆されることに加え、アライグマの定着と分布の拡大傾向が見えはじめていた。

2 避難指示による人間活動の低下が野生動物に与えた影響

（1）原発事故後の野生哺乳類の状況

原発事故後の報告としてはクマ、カモシカのみながら、2018年に全国規模での分布調査が実施され（環境省自然環境局生物多様性センター 2019）、両種共に2003年よりもさらに浜通りの東南部に分布域を拡げたことが示された。ただし、この現象が原発事故の避難指示に招来するかは不明である。

避難指示区域などの設定による、人間活動の低下が野生動物に与える影響のモニタリングが、2011年以降にいくつかの機関によって開始されている。

国立研究開発法人農業・食品産業技術総合研究機構東北農業研究センターは、被災地における獣害対策を目的として、避難指示が野生動物に及ぼした影響評価を行っている。藤本ほか（2015）は、避難指示区域内と区域外に計10台のセンサー式自動撮影カメラ（以下、センサーカメラ）を設置して、出現種の31%をイノシシが占めることを確認した。避難指示区域内外で出現頻度に差は無かったものの、避難指示区域内では日中に活動が目立ったとしている。

国立環境研究所福島支部は、所内プロジェクトである災害環境研究プログラムを立ち上げ、放射性物質の環境動態や生理学的影響などについて研究を進めると共に、無居住化などの野生動物への間接的な影響を扱っている。哺乳類についてのモニタリングでは、自動モニタリング手法の開発と、オープンサイエンスを目指している。具体的には、原発事故に伴い指定された避難指示区域内外を対象として、センサーカメラ45台による哺乳類相調査のデータをマップ上で閲覧提供（オープンGIS：2023年まで継続予定）している（福島県東部の野生動物 http://www.nies.go.jp/biowm/map/mafu.html）（Fukasawa et al. 2016）。

ジョージア大学と福島大学環境放射能研究所のチーム（Lyons et al. 2020）は、放射線量の勾配に沿って120台のセンサーカメラを設置し、出現野生動物の評価を行った。結果は、中型以上の哺乳類の出現へ放射線量が個体群レベルで影響を与えることはなく、いくつかの種では避難指示区域内でより多く出現することが示された。もっとも多く撮影された種はイノシシで、帰還困難地域は解除地域の３～４倍の多さであった。また、シカについては帰還困難地域内で３回、活動制限区域で４回、解除地域で３回の計10回撮影されている。

（2）阿武隈山地北部での特にツキノワグマに着目した野生哺乳類の生息動態調査

私達はこのような背景のもと、帰還困難地域の内外における野生動物の生息動向の把握を、福島県環境創造センターと共同で、センサーカメラなどを広範に山中に設置することで試みている。本研究では、特にクマの確認に努める工夫をした。

調査は、阿武隈山地北部の約800㎢の森林を32箇所の2.5次メッシュに区切り、センサーカメラとクマの体毛を採取するための遺伝試料トラップを計32組設置した（**図Ⅱ-6-1**）。誘引材として、蜂蜜、ヒノキ精油を併用している。大きな目的は、クマの生息頭数の推定と、遺伝解析による出自となる集団（系統）の推定である。2018年７月に開始され、現在（2020年11月時点）に至るまで継続している。

センサーカメラにより記録された動物は、中型以上の哺乳類では、イノシシ、サル、カモシカなどを中心に計11種が撮影されている。ただし、特に注目していたクマについては、南相馬市（2018年）、相馬市（2019年）、浪江町（2020年）の３箇所で延べ３個体が撮影されたに留まった（**表Ⅱ-6-1、写真Ⅱ-6-1、6-2**）。遺伝子試料トラップでは、南相馬市と浪江町で体毛サンプルを得たが、遺伝試料の劣化が大きく、十分な解析は実現していない。これは、2019年は台風による林道崩壊、2020年は新型コロナによる影響により頻繁な見回りが出来なかったためである。現時点

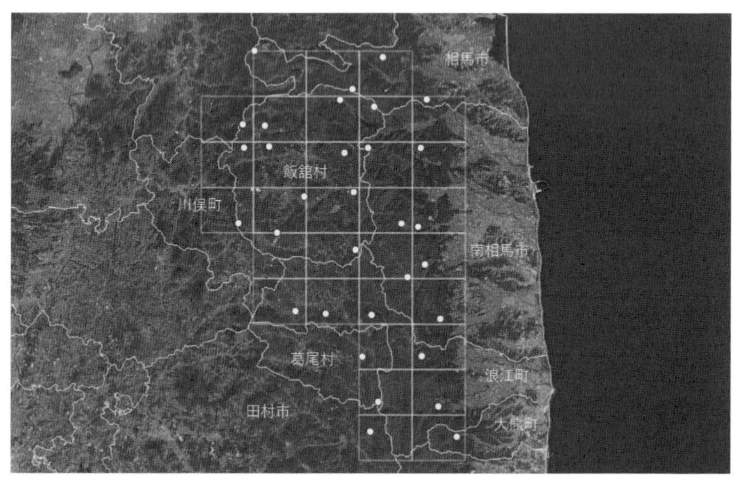

図Ⅱ-6-1　阿武隈山地北部におけるセンサーカメラおよび遺伝子試料採取トラップの設置地点

表Ⅱ-6-1　福島県阿武隈山地北部で確認されたツキノワグマの一覧

年月日	時間	確認地点	性別	遺伝試料採取
2018/11/12	13：38～13：39	南相馬市太田川流域	不明	無し
2019/8/13	15：37～15：47	相馬市宇多川流域	メス	有り
2020/4/5	18：09～18：27	浪江町高瀬川流域	不明	有り

※性判別は体毛の遺伝子分析による

写真Ⅱ-6-1　福島県相馬市宇多川流域で2019年８月13日に撮影されたツキノワグマ

で判明した点は、相馬市の個体がアメロゲニン遺伝子解析結果からメス個体であることだけである。これらの結果は、阿武隈山地を恒常的に利用しているクマが存在することを示唆するものの、まだ生息密度は低いことを伺わせた。Lyons et al.（2020）の報告でも、クマの撮影は2016年５月から2017年２月の約10か月間で、帰還困難地域内の２例に留まっている。

次に2018年の結果のみを用いて、クマ以外の大型哺乳類であるイノシシ、サル、カモシカについて、地理情報システムを用いて環境要因（例

写真Ⅱ-6-2 福島県浪江町高瀬川流域で2020年４月５日に撮影されたツキノワグマ

えば帰還困難地域内か外か、標高、農地からの距離など）を整理した後、モデル解析を行って動物の出現に与えている影響を評価した（鈴木 2019）。

種ごとの撮影回数では、帰還困難地域内の方で多く、特にイノシシの撮影が目立った。市街地に近い低標高地でカモシカが多数写ったことも特筆すべき点である。一方で撮影頭数について見てみると、イノシシが帰還困難地域内で多かったことは撮影種数と同様の結果を示したが、サルについて帰還困難地域内で頭数が少ないという反対の結果となった。

以上は、本来はクマの生息状況をモニタリングするためのシステムを用いているという研究デザイン上の課題があることに加え、単年度のスナップショット的な知見であるという限界がある。しかし、イノシシは帰還困難地域内の耕作放棄地などを利用して個体数を増やしていること、サルは復興が進んだ帰還困難地域外の農地などに依存する生活を開始していることを示唆した。

3 今後懸念される人間活動へのマイナス影響

浜通り側の阿武隈山地での野生動物の生息動態は、ここまでに概略したようにまだ十分には把握されていない。震災や原発事故後の野生動物研究は、放射性物質による汚染状況の把握やその被曝による生理的影響に関するテーマが優先されているせいもあるだろう。本節では、種ごとの状況を改めて概説すると共に、今後懸念される事態をまとめてみる。

（1）在来種

どの調査によっても、分布の拡大と生息密度の上昇が想像される種がイノシシとサルである。避難指示区域がソースとなり、ソース内で増加した個体が周辺の復興が進みつつある地域（アトラクティブ・シンク）にあふれ出していることが考えられる。藤本ほか（2015）が示したように、イノシシは避難指示区域内では日中にのびのびと生活している様子があり、人による圧力が減った当該地域が安穏な生息環境として機能しているのだろう。また、放棄された耕作地は、同種に格好の餌場環境を提供していることも考えられる。イノシシやサルの分布は、すでに常磐道や国道６号の東側に拡がり、阿武隈山地から東西に丘陵帯（移動の回廊として機能）が延びている地域では、海岸部付近まで達している。海岸近くの耕作地で近い将来に営農が再開された際には、農業被害が顕在化することは間違いない。特にサルについては、営農が再開された場所に依存して遊動域を構える可能性がすでに示されつつある。

カモシカも、分布域を阿武隈山地東端の常磐道の近辺まで広げている種である。ただし、番を基本とした排他的な空間（縄張り）を構える動物のため、シカのように高密度化は起こさない。そのため、甚大な農作物被害は発生させ難いものの、将来的には林業への影響も考えられる。

キツネ、アナグマは原発事故以前に分布域に減少傾向を見せていたが、現在の状況は不明であり、今後のモニタリングが求められる。

（2）再分布をした在来種

おそらく近世から近代の時代にかけて浜通りから一旦姿を消したものの、最近になって再分布が疑われる種として、クマとシカがいる。

クマについては、現在のような低密度下であれば、農林業へ深刻な被害を与えることはないが、地域住民にとっての心配は人身事故の発生である。浜通りの人々は、長い間クマとのつき合いを経験していないため、本来なら回避される軋轢が起こることも予測される。福島県のクマ管理計画（福島県2017）では、浜通りの阿武隈山地は「阿武隈監視区域」とされている。2015年には福島県がカメラトラップ調査を実施したが撮影がまったくされず、生息状況は把握されていない。唯一、遺伝子トラップ調査でオス個体を確認し、奥羽地域由来のハプロタイプであったことを報告している。山﨑・伊藤（未発表データ）は、阿武隈山地南部の一角をなす茨城県大子町で交通事故死したオス幼獣（0.5歳）の遺伝解析では、福島県西会津や山形県蔵王地域などに特徴的なハプロタイプ（UtCR-E07）を確認している。

幼獣やメスの確認がされていることから、すでに定着段階にあると判断して良いため、阿武隈山地のクマの系統を把握して進入経路を明らかにすると共に、管理の具体的指針を策定することが急務になる。近年のクマの大量捕獲（例えば会津地域などでの）が、孤児グマを大量に生み出し、そうした個体の一部が長距離放浪の末に浜通りに進入してくる可能性にも注意しなくてはならない。

シカは、クマ以上にその現状が把握されていない。Lyons et al.（2020）は計10例のシカを記録したが、その属性（性、齢級）は公開されていない。繁殖の母体であるメスが進入しているのか、あるいはパイオニア性が高いオスや若齢個体のみが進入している段階なのかのモニタリングが求められる。一旦シカの進入がはじまると、定着の初期には爆発的に個体数を増加させることも考えられる。農林業被害に加え、植生など生態系へのインパクトも深刻なものとなる。下層植生の衰退は土壌の流出を招き、山地災害を引き起こしやすくする点にも注意が必要だ。

(3)外来種

外来生物法により特定外来生物に指定されているアライグマの動向がもっとも懸念される。その分布拡大の経路の再現については、今後mtDNAなどを用いた解析が必要である。しかし、おそらくは人による放逐、あるいは篭脱けが由来であり、太平洋岸に近い市街地周辺がスタート地点だったはずだ。本来であれば、防除計画により根絶もしくは個体数の抑制がされるべきだったが、原発事故によって対策の初動が機能しない結果となった。そのため、西側の阿武隈山地奥部に分布域を拡げ、現在の広範囲な生息状況を示していると考えられた。私たちがクマ用に設置したセンサーカメラには、山地帯の複数個所においてもアライグマが撮影されている。このことは、集落周辺のみでアライグマ捕獲を進めても、根本的な解決には至らない可能性を教えてくれる。アライグマの増加は、農業被害に加え、人家屋根裏や社寺仏閣などでの繁殖行動による衛生被害、さらにはアライグマカイチュウなどの人畜共通伝染病の問題ももたらす。

ハクビシンは、侵入後から長い年月をかけてすでに浜通りの広範囲に定着を見ており、効果的な防除はすでに難しくなっている。アライグマでこの轍を踏まないことが肝心である。

4 今後の問題解決に向けた取り組み

これまで述べてきたように、原発事故による避難指示地域の指定は、多くの野生動物の分布拡大と生息密度増加にプラスの作用をしており、人とそれら動物の軋轢はこれから熾烈を極めていく可能性が高い。そのような事態が継続すれば、せっかくの営農再開をはじめ、地域の人々の生活再建への意欲は下がってしまうだろう。

実効性のある管理計画（鳥獣の保護及び管理並びに狩猟の適正化に関する法律）や防除計画（外来生物法）を担保するためには、PDCAサイクルに基づいた、状況のモニタリングと、その結果と評価に基づく計画の修正といった順応的な計画推進が必須になる。また、ただ闇雲に個体数管理をすれば良いという訳ではなく、在来種については将来にわたっての種の存続を約束した上での管理を、外来種についてはこれ以上の分布の拡大を防止する観点でのターゲットエリアを明確にした上での防除が必要になる。再び姿を現した在来種については、ゾーニング管理の概念がことさら必要になるだろう。例えば、クマについて考えれば、現在の福島県の指定する“監視区域”を、特定計画ガイドライン（環境省2017）に示されている“排除地域”に格上げするのか、あるいは低密度であれば再分布を許容するのかといった地域住民も含めた議論である。

野生動物の分布域や生息密度とそのトレンドのモニタリングと科学的なデータ解析とフィードバックが、今後ますます必要になってくる。しかし、現実には多くの自治体や研究機関が浜通りで野生動物の動態研究に携わっているにも関わらず、その情報はほとんど共有されていないと感じられる。また、発表される論文も、特に人と軋轢を起こす中大型哺乳類に限ってみると非常に限定的である。原発事故後10年を経ているのだから、もっとアウトプットがあっても良いように思う。

生息動向のモニタリングということであれば、環境省事業によるイノシシの行動追跡、福島県事業によるサルの行動追跡など、複数の機関が独自のデータを蓄積しているが、その全体像を知ることは難しい。実際、浜通りの市町村担当職員からは、いろいろな調査への協力依頼を受けているが、その結果について知る機会は少ないという声も聞いた。現在、環境省事業による成果データは、その使途が明確である場合は提供いただけるようになっている。また、前述した国立環境研究所によるオープンGISも情報共有の試みのひとつである。研究者として、自分の足と手を使って集めたデータであれば抱えたいという気持ちはよく理解できる。しかし、限られた時間の中で、結果を地域に還元していくためには、自分で扱いきれないデータについては、公開や共同研究を推進することがひとつの方策である。こうしたシステムの実現のためには、様々な調査研究で得られたデータを一定のルールのもとで管理をする施設の創設が浜通りに求められよう。

【引用文献】

Endo Y, Lin L-K, Yamazaki K, Pei K J-C, Chang S-W, Chen Y-J, Ochiai K, Yachimori S, Anezaki T, Kaneko K, Ryuichi Masuda R (2020) Introduction and expansion history of the masked palm civet, *Paguma larvata*, in Japan, revealed by mitochondrial DNA control region and cytochrome b analysis. *Mammal Study* 45: 243-251. DOI: 10.3106/ms2020-0016

Fukasawa K, Mishima Y, Yoshioka A, Kumada N, Totsu K, Osawa T (2016) Mammal assemblages recorded by camera traps inside and outside the evacuation zone of the Fukushima Daiichi Nuclear Power Plant accident. *Ecological Research* 31: 493. DOI 10.1007/s11284-016-1366-7

福島県（2015）福島県アライグマ防除実施計画．福島県，福島，8 pp.

福島県（2017）福島県ツキノワグマ管理計画（第３期計画）．福島県，福島，44p.

藤本竜輔・光永貴之・竹内正彦（2015）東京電力福島第一原子力発電所事故に伴

う避難指示区域北部の農地周辺において避難指示がイノシシの出現に及ぼした影響．哺乳類科学55(2): 145-154

環境省自然環境局生物多様性センター（2004）種の多様性調査　哺乳類分布調査報告書. 環境省自然環境局生物多様性センター，山梨，213pp.

環境省自然環境局生物多様性センター（2004）平成30年度（2018年度）中大型哺乳類分布調査　調査報告書　クマ類（ヒグマ・ツキノワグマ）・カモシカ．環境省自然環境局生物多様性センター，山梨，67pp.+巻末資料41pp.

環境省（2017）特定鳥獣保護・管理計画作成のためのガイドライン（クマ類編・平成28年度）．環境省，東京，108pp.

Lyons PC, Okuda K, Hamilton MT, Hinton TG, Beasley JC (2020) Rewilding of Fukushima's human evacuation zone. *Research Communications*: doi:10.1002/fee.2149

野馬追の里原町市立博物館（2004）原町の動物　けもの・カエル・ヘビの仲間. 野馬追の里原町市立博物館，福島，68pp.

鈴木郁子（2019）福島県阿武隈山地において中大型哺乳類の撮影頻度に影響を与える要因の検討．東京農業大学農学研究科林学専攻修士論文，32pp.

山﨑晃司・小柳恭二・辻　明子（2001）茨城県でこれまでに確認された哺乳類について．茨城県自然博物館研究報告(4): 103-108

山﨑晃司・稲葉　修（2009）阿武隈山地南部（茨城県・福島県・栃木県）へのツキノワグマの分布拡大の可能性について．哺乳類科学49(2): 257-261.

Column

阿武隈山地でクマを探す

林学専攻修了　鈴木郁子

私が福島県阿武隈山地でツキノワグマ（以下、クマ）を調査していたのは、大学院修士課程に在籍していた2017年から2019年の約２年間である。一般的な福島県のイメージとは裏腹に、福島県東部の太平洋沿岸、浜通り地域には雪がほとんど降らず、クマやシカも極めて少数しか生息していない。100年以上にわたってクマの分布の空白地帯と考えられてきたこの場所でクマを探すことが、私の修士論文研究の大きな目的だった。

調査は相馬市、飯舘村、南相馬市、浪江町、葛尾村、双葉町、田村市にまたがる約800km^{2}の地域で実施した。この調査地域の中には、帰還困難区域も含まれる。調査テーマを決める際、調査対象地域に帰還困難区域が含まれることについては、指導教授の山﨑晃司先生ともよく話し合った。放射線の人体への影響に関しては自主的にゼミを開いて各種資料にあたり、調査で立ち入る範囲や滞在時間から、放射線による影響は全く懸念に及ばない程度であることを納得したうえで、家族にも了承を得て調査に入ることとなった。学生あるいは自分の子どもに帰還困難区域で調査をさせるのは非常に大きな覚悟が必要だったのではないかと推察するが、私の意志を尊重して貴重な経験を積ませてくださった山﨑教授と両親には心から感謝している。

調査では調査地域内に合計32台の自動撮影カメラと、クマの体毛を採取するためのトラップを設置し、２週間に１回程度、調査機材のメンテナンスのため見回りを行った。

移動手段は主に車だったが、調査地域の広大さに加え、大学のキャンパスがある東京都内から調査拠点のある相馬市までの片道約300kmの道のりを幾度となく往復したため、調査期間約６か月間の走行距離は２万kmを超えることとなった。運転にはある程度慣れていたつもりだったが、調査を始めたばかりの新年早々に雨上がりの山中で判断を誤り、車がスタックしてしまったことがある。凍てつくような寒さの中で福島市から山を越えて駆け付けて来るロードサービスを待つ間、近所の住民の方にお声がけいただき、暖かな家の中で休ませていただいたことは今でも忘れない。調査中の楽しみとして近隣の温泉や道の駅などにも積極的に訪れるようにしていたが、見慣れない顔のせいか話しかけられることが多く、「野生動物のことは気になってたんだよ。調査頑張ってね。」と皆気さくに温かい言葉をかけてくださったことが印象的だった。

さて、修士論文をまとめられるギリギリの時期までクマを探し続けたが、調査期間中に撮影できたクマは最終的に１頭のみという結果に終わった（写真：右下の黒い影が撮影されたクマ）。慌てて解析方針を変更し、なんとか調査結果をまとめたが、初めから終わりまで多くの方々の支援なくしては成り立たない研究だった。

東日本大震災以前、家族旅行で会津地域を訪れたことがあったが、震災以降に福島県を訪れたのはこの調査の時が初めてだった。まず印象に残ったのはやはり、帰還困難区域に入った途端に国境を越えたかのごとく変化する風景と、空き地に積まれた除染土の山だ。除染された場所には外来種のセイタカアワダチソウが密に生い茂り、埋土種子が表層土とともに除去され、植生が一変したのであろうことが分かる。“Fukushima” のイメージを体現したまま時が止まってしまったような風景には、少なからず衝撃を受けた。しかし調査で通う期間が長くなるうち、フレコンバッグも避難指示区域も実は少しずつ減っていっていることに気が付いた。調査中の2018年には、富岡町に特定廃棄物埋立情報館『リプルンふくしま』や『東京電力廃炉資料館』がオープンし、情報発信体制が整備される真っ只中だったのではないかと思う。変化する現地の状況とは裏腹に、“Fukushima” のイメージに固執していたのはむしろ私の方だったのかもしれない…。

東日本支援プロジェクトでの研究を通じて自分の認識を再確認する機会を持てたことは何にも代えがたい経験となった。この地域にどんな未来が待っているのか、これからも注目し続けたい。

南相馬市太田川流域で撮影されたツキノワグマ（2018年11月）

第7章 農地と森林の境界地域における放射性物質の行方

中島　亨（生産環境工学科）

1 放射性物質の除染の現状

東京電力福島第一原発の事故によって、大量の放射性物質が環境中に放出された。特に陸域内に放出された放射性セシウムの沈着量の割合を土地利用にみてみると、森林68.9％、農用地21.7％、建物用地5.1％、河川・湖沼0.8％、その他3.5％と推定されている（日本原子力研究開発機構，2020）。その放射性物質を取り除くため、環境省を中心に除染が行われている。

事故から約10年が経過し、相馬市では汚染状況重点調査地域に指定された住宅2521戸（進捗率100％）、公共施設212箇所（進捗率100％）、道路17.9km（進捗率100％）、農地314ha（進捗率100％）のほぼ全ての除染活動が完了している状況にある（福島県，2020）。一般的な除染方法である表土剥ぎ取りで発生した汚染土壌は、フレコンバッグに入れられ一時的に仮置場に積まれている。2016年からは中間貯蔵施設が大熊町と双葉町に完成し、2017年随時運搬・貯蔵作業が行われている状況である。また2024年には福島県外にそれらの最終処分場をつくるというのが環境省の方針であるが、汚染土の処理は今後の大きな課題として残っている。

汚染状況重点調査地域等に指定された場所では除染が進んでいる一方で、福島県の面積の約70％を占める森林においてはほぼ除染が行われておらず、陸域内に放出された放射性セシウムの沈着量の割合の内68.9％が森林に存在しているとされ、依然として高い空間線量、高い

写真Ⅱ-7-1　福島県飯舘村の放射性物質で汚染された土壌等の仮置場（2018年）

放射性物質濃度の状態にあるとの報告がある。

一般に森林の除染は住居地等の周辺を対象としており、林縁から20m程度のリター層の除去を行った上で、土壌の流出防止に効果があるとされている木柵等の対策を行うとされている。このような森林の除染は限定的で、全ての森林で除染を行うことは困難であるとされている。特に、未除染の森林と境界を接する除染済みの農地・放牧地等への放射性物質の流出が懸念されている。また、落葉や植生などによる土壌の被覆率が低く、勾配が急な斜面では、降水量が多い場合に土壌等の流出量が増加することが報告がされている。

2　農地と森林の放射性物質のモニタリング方法

2018年度に東日本支援プロジェクトでは、相馬市山間部の急傾斜地の放牧地における放射性セシウムの空間的な濃度分布、森林からの放射性セシウムの流出動態を把握し、その対策を提案することを目的として研究を行った。調査対象地は福島県相馬市の放牧地で、特に放牧地内は急傾斜の地点が多く、また勾配が様々なため、まず詳細な測量を行った。

研究では森林と牧草地との境界の周囲を囲むような12地点において、土壌表面から５cmの深さまでを100cm^{3}サンプラーを用いて土壌を採取した。採取した土壌サンプルはGe検出器を用いて放射性セシウム濃度の測定を行った。調査の結果多くの地点では、未除染の森林から放射性セシウムは流出していないことが明らかとなった。一方で、ある地点では境界から０～２mの未除染地点では放射性セシウム濃度が4,000～6,000Bq/kgであったのに対し、２～８m地点では放射性セシウム濃度500Bq/kg以下、８～10mで100Bq/kg以下の濃度であった。このことから未除染の森林から除染済農地への放射性セシウムの流出が起こった可能性がある。特に境界からの距離が遠くなるに従い放射性セシウム濃度が増加することから、土壌粒子や落ち葉等に付着した放射性セシウムが降雨によって下方へ流出した可能性があることが示唆された。

以上の調査結果を踏まえ、調査した放牧地では境界から少なくとも－６mの地点まで除染を行うことにより放牧地への放射性セシウムの流出は防止できると考えられるが、継続的に未除染地域からの放射性物質の除染済農地への流出をモニタリングする必要がある。

写真Ⅱ-7-2　急傾斜地の牧草地で測量をする農大生

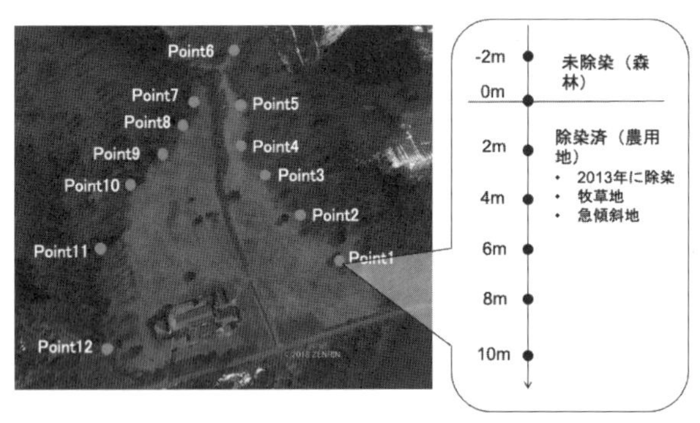

図Ⅱ-7-1 福島県相馬市の調査地の概要

3 空間線量率の「可視化」

2019年度の研究ではさらに中域程度（10ha程度）の範囲において空間線量率の空間的な分布の把握することを目指しUAV（ドローン）を用い研究を行った。

土壌サンプリングによる放射性セシウム濃度の測定には時間や予算や労力の限界がある。そこでより広域評価をするために、UAVに空間線量計を搭載し、測定を行った。以下に手順を示す。

（1）UAVによる空撮によるオルソ空中写真３Dモデルを作成

UAV（Inspire2：DJI社）にデジタルカメラ（ZenmuseX5s：DJI社）を搭載し、自律飛行により撮影した鉛直写真からSfM（Pix4D mapperを使用）を用いてオルソ画像[1)] 及びDSM[2)] を作成し、測定対象地の地形情報と土地被覆状況を記録する。

（2）UAVによる空間線量率の測定と分布マップの作成

UAVに空間線量率計（浜松ホトニクス株式会社C12137）記録用の

小型PCを搭載し、マニュアル飛行で位置情報（緯度・経度・高度）と空間線量率の測定を行う。

マニュアル飛行では地対空高度を30mとして対象地全域で空間線量率の測定を行った。また、上空から地表面（地上高さ1m）の空間線量率を推定するためには、空間の距離減衰率を計算する必要がある。そのため、本調査では複数の地点の空間線量率（地上高さ1m）を測定し、その地点でUAVの高度を10mごとで上昇させながら60mまで空間線量率の測定を行った。そのデータを基に自然対数による近似式を距離減衰率の計算に用いた。地対空高度が30mの空間では約70%程度減衰することがわかった。UAVモニタリングによって収集したデータから距離減衰率で補正を行なった。ArcGISソフトを用い、オルソ画像上に補正後の空間線量率のデータと位置情報から空間線量率分布マッ

写真Ⅱ-7-3　牧草地でUAVを操作する農大生

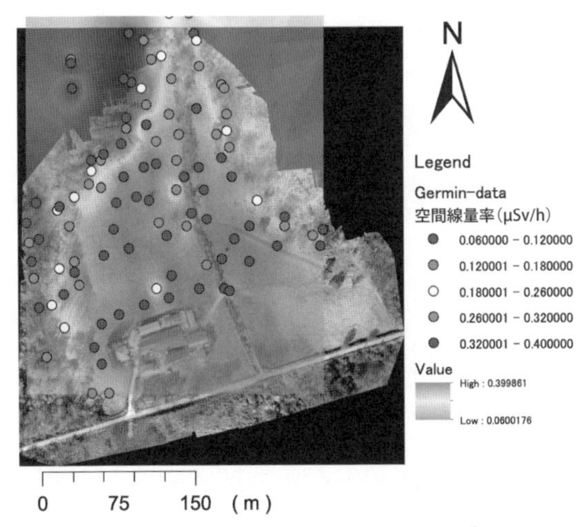

図Ⅱ-7-2　UAVによる空間線量率の測定と分布マップ

プを作成した。分布マップから未除染の森林領域では空間線量率は高い値を示す一方で、除染済のところでは低い値となった。

4 放射性物質の挙動から見た福島の農業

放射性物質は時間・空間的な挙動を示すと考えられるため、様々な方法で継続的な調査を行う予定である。また研究調査により放射性物質の流出のリスクの高い地域を特定して、効果的な対策について調査に基づき提案することができないかと考えている。

将来、福島県で安心・安全な農業を営んでいくためには、農地と森林の境界地域における放射性物質のモニタリングをきめ細やかに行い、科学と地域とのコミュニケーションが必要である。

【注】

1) 空中写真を位置ズレのない画像に変換し、正しい位置情報を付与したもので、様々な地理空間情報と重ね合わせができることから、空中写真と比較して、より多様な利用が可能な地理空間情報となる。
(国土地理院：https://www.gsi.go.jp/gazochosa/gazochosa40001.html)

2) 建物や樹木等を含んだ地球表面の高さのモデルのことをいう。
(国土地理院：https://www.gsi.go.jp/chubu/minichishiki12.html)

【引用文献】

(1) ふくしま復興ステーション
https://www.pref.fukushima.lg.jp/site/portal/soma.html（2020年11月10閲覧）

(2) 福島総合環境情報サイト
https://fukushima.jaea.go.jp/QA/q 3_lv2.html（2020年11月10閲覧）

Interview

自然と共存できる畜産経営を

片平ジャージー自然牧場　片平芳夫

まず門間敏幸先生には大変なご苦労であったと思われますが、相馬市玉野地区の全部の水田を一筆一筆丁寧に測定していただき、私の草地をも含めて地区の放射性物質の汚染の実態を知ることができました。また、私の牧草地約12haの2013年から4年間にわたる10～15cmの表土剥ぎ取りによる除染では、フレコンバッグ約8000個分の貴重な表土が失われ、将来にわたって最も大きな痛手となりました。特に石礫の多い急斜面の放牧地の除染では、私の発案で高速道路などの法面に吹き付ける工法「厚層基材吹付工」が実施されましたが、これに先立って現地で大掛かり実証実験を行っていただいたのが、近藤三雄先生のチームでした。これを基に環境省は国内で初めて「急傾斜牧草地の除染の再生」を行いました。その後、信岡誠治先生が度々牧場を訪れ、除染を終え牧草地再生後の牧草と土壌の放射性物質の測定を継続的になされ、次いで中島亨先生が牧草地の環境汚染度をドローンなどで測定し現在に至っております。いずれの先生も学生さんを連れての研究・調査でしたので学生達には実態を知る良い機会でもあったかと思われます。

片平氏所有の牧草地

農業の現実と望まれる施策

福島県に限らず全国的に農業者の高齢化・後継者不足によって農業の衰退や離農がますます顕著になってきております。原発事故で特に福島の浜通りの広大な被災地域では人も住めず農業も壊滅的な状況です。我が酪農界でも約60戸が廃業に追い込まれたと聞いております。震災後10年になろうとしている現在、従来からの国の方針である農業の大規模化·法人化·6次産業化がますます声高に叫ばれ押し進められていますが、私はこれにかなり違和感を感じています。「健全な家族経営の維持・育成」の視点が全く欠けているからです。「小さくても個々の個性ある家族中心の農家の集まり」が昔から家族共々地域に住み、地域を保全し地域の生産と消費の循環を担って来たのです。「家族経営主体の農業」「地産地消」を時代の逆行として捉えるのではなく、政策的にもこれからの最も大切な目標として押し進めていってほしいものです。

今後の抱負

私もここに入植して以来47年になり、開拓の初期は生乳出荷のみの経営でした。その後、所得確保のため、ジャージー種によるアイスクリーム等の製造販売に重きを置いた経営に移りましたが、いたずらに効率や大型化を求めず、放牧という手持ちの土地に密着した家族中心の経営姿勢は崩さず、山間過疎地でも生き残れる、かつ自然と共存できる畜産経営を追い求めていきたいと思います。今、頭を悩ませているのはイノシシなどの鳥獣被害です。その根本の原因は里山から人が居なくなってしまったことだと思います。そして、根本的な解決方法は昔がそうであったように里山に人を呼び戻すしかないという大きな課題に直面してしまいます。コロナ禍の中にあって今までの都市集中の弊害を避ける意味でも過疎化が進む山間地に安定した農業経営を築き、里山にもう一度賑わいを取り戻し、同時に失われた豊かな土壌を復元すべく次世代を担う若い農業者に望むものであります。

片平氏はジャージー種を飼養している

被災地との交流を通じた人づくり支援活動

第1章 3キャンパスによる浪江町における「復興知」事業の展開と成果

1 浪江町における農業の担い手と震災復興の課題

山本祐司（農芸化学科）・黒瀧秀久（自然資源経営学科）

（1）震災復興の課題と㈱舞台ファーム、東京農大とのコンソーシアム形成

福島県浪江町は福島県浜通りに位置し、原発施設から約５kmの地点と近いことから、2017年度に沿岸平野エリアで漸く避難指示が解除された。住民基本台帳によれば、震災前は21,542人（7,765世帯）が居住していたものの、我々が「大学等の「復興知」を活用した福島イノベーション・コースト構想促進事業（以下、福島イノベ事業と称す）」の採択を受けて現地に入りだした2018年11月は870人の帰還に留まり、復興がまだ始まったばかりの状況であった。

その後は徐々に帰還者も増えていき、2020年８月には1,467人、920世帯へと増加しているものの、避難指示が解除された区域も沿岸部のみとなっており、山間地域の区域は現在においても避難指示が解除されていない状況が続いている。福島県内・県外への避難者は、県内ではいわき市や福島市を中心に約１万人、県外では茨城県や宮城県を中心に約６千人となっている。

農業では、震災前の2010年には経営耕地面積が2,034ha、農業経営体は1,030経営体で水田利用が約1,500haであり、図Ⅲ-1-1の農産物販売金額１位の部門別経営体数を見ても稲作が82％を占めており、米が主力産品となっていた。

農業の担い手は、2010年の販売農家のうち、84％が兼業農家であり、「米＋兼業」によって農業が成り立っていた地域である。

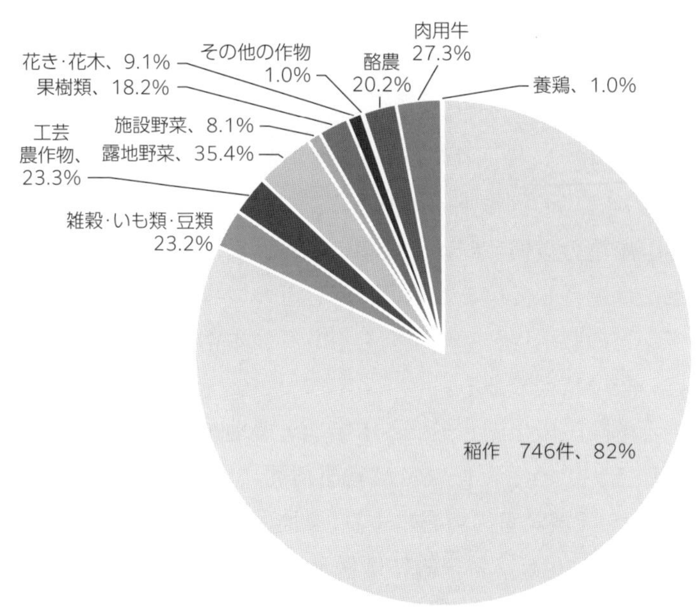

資料：2010年「農業センサス」

図Ⅲ-1-1　浪江町の経営における主要部門別の経営体数とその割合

表Ⅲ-1-1　浪江町における作付動向

単位：a、%

	2010年	2017年	2018年	2019年	2020年	回復割合
水稲	86,400	255	771	2,723	8,966	10.4
飼料作物	—	80	140	164	164	—
野菜類	17,300	297	557	1,627	1,817	10.5
果樹類	—	0	99	119	119	—
花卉類	2,700	136	409	636	688	25.5
景観作物ほか	—	288	2	1	1,679	—
合計	91,200	920	1,978	5,270	13,433	14.7

資料：2010年は「農業センサス」、2017年以降は浪江町役場内部資料（2020.9）より作成。
注：回復割合は、2010年に対する2020年の割合として算出した。

表Ⅲ-1-1で、避難指示の解除が行われた2017年以降の作付け動向を見てみると、2017年は水稲が255aの作付けであったものが、年々増加傾向にあり、2020年には8,966aにまで増加している。それでもなお、2010年時点と比べると、10.4%の回復割合でしかない。作付け全体としてみても14.7%の回復割合である。

町全体の農業の復興に向けた課題は多く、沿岸平野エリアでの営農再開が徐々には進行しているものの、米、トルコギキョウ、エゴマ、コケ、オリーブなどの栽培は、栽培規模も小さく、本格的営農活動に至っているとは言い難い状況である。

避難指示解除区域に関しては、市街地・農地を含め放射性物質の除染が進んでいる。こうした区域では営農再開に向けて14集落が復興組合を立ち上げ、地元農業者の有志により、農地保全活動を実施してきた（主に除草作業）。しかし、将来的には保全活動への補助金付与がなくなる可能性もあることから、本格的な営農再開に向けた対応を行わないと、農地が荒れ果ててしまう可能性が出てくる。

浪江町の各地区の状況は異なっており、農地の復旧作業を集団で行うケースもあれば、個人で行って組合自体で話し合う機会がないケースもある。現状としては後者の状況が多い。理由としては、浪江町における農村のコミュニティは、震災後の原発事故による長期的避難という状況下において、その多くが分断されてしまったからである。農業者、農地所有者は、福島県近隣市町村に分散して避難しているため、農作業は「出張農業」とならざるを得ない。したがって、将来の農業について考える「集いの機会」も失われ、またはそれがあっても全く参加しないメンバーが過半数という状況になっている。

こうしたなか、これらの課題解決のため、浪江町では、宮城県仙台市に本社を持つ農業生産法人㈱舞台ファーム（以下、舞台ファームとする）とコンソーシアムを構築し、2017年度から各地区の「営農再開ビジョン」の立案を開始し、既に稲作のテスト栽培も進む「酒田地区」「藤橋地区」

「西台地区」の３地区の営農再開ビジョンを立案した。数回の座談会を実施し、最終的に農業者との関係を構築していき、残り11地区に対しても営農再開ビジョンの立案をしていった。こうした実績から2018年３月20日には浪江町と舞台ファームの間で、農業“新興”に関する包括連携協定が締結された。

浪江町が舞台ファームと連携を深めた背景を説明しておこう。舞台ファームは、大手コンビニや大手スーパーへカット野菜を販売するほか、精米販売においては、アイリスオーヤマ㈱との共同出資により、日本最大級の精米工場を有する舞台アグリイノベーション㈱を立ち上げており、全国の自治体と連携しながら農業者の法人化支援や販売促進事業を行うなどのアグリソリューション（農業の課題解決）を実施している。米に関しては、アイリスオーヤマの持つ圧倒的販路を活用することで、野菜においては大手コンビニチェーンとの関係を構築しているため、米と野菜の双方において、農業者に対して安定的販路を確保することが可能となっている。

そして、福島県沿岸部において、農業者との連携による営農再開について既に大きな実績を持っており、2017年度において浪江町に近接する南相馬市小高区において、地元の農業者（㈱紅梅夢ファーム）と連携し、避難指示解除後初めてとなる米の作付けを実施し（約11ha）、７年ぶりに収穫された米を舞台ファームが買取り、「南相馬産天のつぶパックごはん」として急成長商品のパックライスで販売した実績を有している。アイリスグループによる大きな販路を活用することで、商品の販売も好調に推移していることから、米が主力産品の浪江町も舞台ファームとの連携に舵を切ったのである。

なお、舞台ファームが浪江町における営農再開ビジョンを複数地区で策定した過程の中で、共通の課題点として取りまとめたものが以下の４点である。

①担い手・人材不足
②農地・水系の復旧の遅れ
③農機具・農業関係設備（乾燥調製・倉庫・検査場など）の不足
④販路の不確定さ（検査、品目選定、販売先）

このうち、特に①の担い手・人材不足は顕著であり、浪江町が事前に行ったアンケートにおいても、現在の農地をまかなうことのできる人員が営農再開に手を挙げていない現状がある。また営農再開希望者との座談会においても、必ず最もトップに出てくる課題が「担い手不足・人材不足」であった。

より具体的には、以下の点が問題となっている。

・現時点で「通い農業」であり、管理作業（水管理など）を実施してくれる人がいない。
・農業者に高齢のメンバーが多く、営農再開しても長くは続かない懸念がある。
・農地と水路の荒廃により、復旧作業などに割ける人員がいない、または高齢化でできない。
・復旧後の草刈り作業などが、人員不足で非常に難しい状況である。
・若手の担い手（30～40代）が浪江町に帰ってこない。不在である。
・法人化を前提とした集落営農による農業再開を考えているが、避難場所がバラバラなので話し合いする機会すら持てない状況になっている。
・圃場整備・パイプライン化による生産性向上の整備について５年はかかる。それまでの間の作業をできる人員がいない。

これらの農業の担い手不足を解消していくためには、東京農業大学が福島イノベ事業「福島県浪江町における農業“新興”に向けた取り組み

～担い手育成に向けて～」を実施する過程で、既存の農業者の営農再開を支援すると同時に、6次産業化やスマート農業を展開して生産性向上の取り組み（農機具の自動化、センシングシステム、AI、ドローンなど）を行って省力化農業へ舵を切る必要があり、併せて「新規就農」の新しいスキームを構築し、それを積極的に展開していくことが求められると考えられる。

東京農業大学は、2016年4月22日に㈱舞台ファームと包括連携協定を締結しているが、浪江町で福島イノベ事業が開始された2018年度の2019年1月31日には東京農業大学と浪江町との間でも連携協定が締結された。その結果、舞台ファームを含めた三者によるコンソーシアムが形成され、2019年度以降の事業推進のうえで、本格的な支援体制が構築されたと言える。

（2）福島イノベ事業「福島県浪江町における農業“新興”に向けた取り組み～担い手育成に向けて～」の概要

2018年度に事業採択を受けて実施しているのが「福島県浪江町における農業“新興”に向けた取り組み～担い手育成に向けて～」である。東京農業大学が有する産学官連携のネットワークを最大限に活用したコンソーシアムを形成し、「浪江町の農業“新興”」のコンセプトのもとで、就農拡大や6次産業化推進、スマート農業推進を含めた取り組みを大学の“復興知”を活かして実施し、同課題に対して自治体と緊密に連携していくことによって新規就農を中心とする「担い手育成」の取り組みを実施、加速させていくことが目的となっている。

とくに浪江町における営農再開に向けた課題を踏まえ、浪江町における農業“新興”に向けた「担い手育成」の取組みとして、ボトルネックとなっている“ソフト面”を支援するため、東京農業大学の“復興知”を結集して、①就農拡大に向けた取り組み、②6次産業化推進の取り組み、③スマート農業推進の取り組みを軸として、学生を中心とした下記

大学等の復興知を活用した福島イノベーション・コースト構想促進事業（一般枠）　　2020年2月28日

「事業名：福島県浪江町における農業“新興”に向けた取り組み」
2020年度事業の概要

東京農業大学　連携市町村：浪江町
現地拠点：双葉郡浪江町幾世橋六反田7－2　浪江町役場庁舎（3階農林水産課内）

事業のポイント

■浪江町の農業復興のボトルネックとなっている“ソフト面”を支援するため、東京農業大学の“復興知”を結集し、学生を中心とした取組みを展開する。
① 就農拡大への取組み　② 6次産業化推進の取組み　③スマート農業推進の取組み　を通じ、“復興”から一歩進んだ挑戦を含む農業の“新興”を目指す。
■浪江町の農業再生の課題（担い手不足など）は、正しく日本の遠くない未来の農業課題に等しい。これらの取組みを通じ、日本の農業課題解決の提言を行う。
■実業として復興に取組む（株）舞台ファームとも連携し、浪江町と「産官学一体」となって、未曾有の災害に対する、農業再生のソリューションの提案を実施していく。

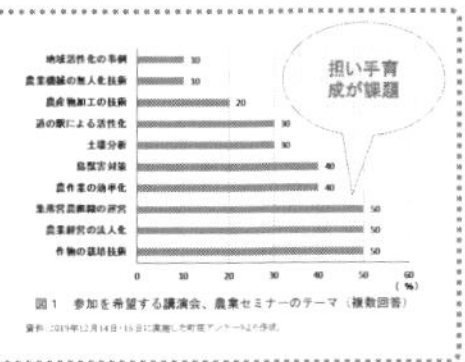

2020年度の活動内容

■本学の3キャンパス（世田谷・厚木・オホーツク）において、「復興浪江学」を展開し、学生の参画意識を高め、過去のワークショップの成果等から、新規就農、6次産業化、スマート農業の推進に取り組む。
■町民向け「農業セミナー」を複数回実施し、「道の駅」開業に合わせた商品開発を本格化させる。
■「（仮称）復興農学会」の設立に向けた農学系大学等の連携に向けた取り組み。

①全学的な取り組み
・学生向け「復興浪江学」の展開、農作業体験イベント（田植え・収穫作業等）、スマート農業の実践
・町民向け「農業セミナー」、シンポジウムの開催
・地元産品による6次産業化支援（商品開発とテキスト作成）

②各研究室・ゼミ単位によるプロジェクト活動
・ペピーノ・小麦支援
・エゴマ支援
・花卉支援
・担い手育成調査

浪江町での農作業

浪江町での商品開発向けWS

取り組みによって得られる成果

・現地農業者との交流による就農意識の醸成／新規作物・新商品開発による6次産業化
・スマート農業推進と農業生産法人の育成／就農施策の提言および帰還農業者・新規就農者の増加

図Ⅲ-1-2　2020年度の「復興知」事業の概要（浪江）

の事項を実施している。

・本学３キャンパス（世田谷、厚木、北海道オホーツク）における舞台ファームの協力による営農再開実施内容の学生への指導・講義（情報提供、農業技術指導、ドローン講習会）
・浪江町農業者向け「農業セミナー；東京農大・浪江町復興講座」の現地での開催
・浪江町における担い手育成、就農拡大施策、６次産業化に対する提言と意見交換（ワークショップ）
・６次産業化支援プログラム・テキストの作成
・本事業の取り組みを発信するためのシンポジウムの開催（東京都内、福島県等）

・教員スタッフを中心とした浪江町での各種のプロジェクト活動
・本学にて連携協定を締結する「アグリイノベーション大学校」との取組み
（社会人就農希望者の浪江町への誘導および営農体験の企画などの取組み）

2 稲作の復興過程と舞台ファームの取り組み

菅原　優（自然資源経営学科）・伊藤啓一（㈱舞台ファーム）

浪江町の地域農業は、先にも触れたように、「米＋兼業」の営農形態によって、稲作を中心に営まれてきた。したがって、農業の復興“新興”においても稲作の復興がポイントになってくる。これまで浪江町の水稲作付面積は、営農再開初年の2017年255a（2ha）、18年771a（7ha）、19年2,723a（27ha）、2020年8,966a（89ha）と推移してきた。

浪江町役場から提供いただいた資料によれば、営農者は2019年時点において38名であったが、そのうち米の栽培を行っている農業者は15名であった。図Ⅲ-1-3によれば、2018年から2019年にかけて水稲作付けの再開者が7名（うち3名は30aで図のポイントが重複している）、拡大者が4名、現状維持4名であった。このことからも水稲再開に向け

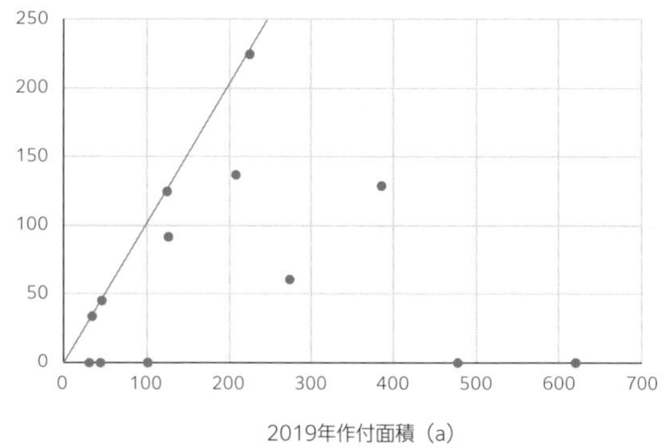

資料：浪江町役場提供資料より作成

図Ⅲ-1-3　浪江町における水稲作付者の変化（2018-19年）

表Ⅲ-1-2 水稲作付農家の経営概要

単位：a

No.	2018年	2019年	19年 品目内訳
1	0	619	米
2	0	477	米
3	128	385	米
4	60	273	米（飼料米）
5	224	224	米224、玉ねぎ75
6	137	208	米
7	91	126	米
8	124	124	米
9	0	100	米100、花卉25、小菊3
10	45	45	花卉（トルコギキョウ、ストック）
11	0	43	米43、野菜（玉ねぎ）10
12	34	34	米34、花卉10、玉ねぎ22
13	0	30	米30、果樹（オリーブ）40、景観（苔）2
14	0	30	米
15	0	30	米

資料：浪江町役場提供資料より作成

て意欲を持った担い手が存在していることがわかる。

また、**表Ⅲ-1-2**は水稲作付農家の経営概要を示したものである。2019年の作付け規模の大きい順に並べてあるが、５ha以上が１戸、３～４haが２戸、１～２haが６戸、１ha未満が６戸となっている。突出した大規模経営は存在しないが、３ha以上の上位階層は水稲単作経営、１ha未満の小規模層では花卉や野菜といった複合経営としての展開が見られる。

このうち、家族経営としての経営体がほとんどであり、法人経営は外部参入でもある舞台ファームの１社のみである。営農組合を中心とした集落営農や法人化については検討を行っている営農組合もあるが、まだ具体的な動きは見られない。

このうち、2019年度にヒアリング調査を行った農家のうち、水稲単作経営のNo.６、複合経営のNo.９の経営概要について触れておきたい。

No.６は、自作地を250a所有しており、水稲作付面積208aである。震災前は作業受託を含めると７haの作業面積をカバーし、土木兼業に従事しながら「米＋兼業」による浪江町の典型的な農家でありながら、収穫などの作業を請け負う中核的な担い手であった。営農に携わっているのは80代の元経営主と60代の経営主で、兼業で営農しており、当面は５ha規模への拡大を目指している。カントリーエレベーターの設置については期待をかけており、今後は米を中心として営農を継続する見通しである。

№9は、自作地を70a所有しており、水稲の他には玉ねぎと小菊を栽培している。震災以前は林業関係の仕事もしており、「米＋兼業」が中心であった。営農再開後は新たに玉ねぎや小菊を開始し、複合経営として展開している。玉ねぎは圃場の排水対策に苦労しながらも栽培を行っている。また、米については10名くらいの地元農業者（約半分は避難先からの通い）と話し合いをしながら生産組織のような形態での営農を検討している。後継者が不在のため、将来的には地域農業の受け皿となる組織経営体の育成を望んでいるようであった。

ここで、舞台ファームの動きを確認しておこう。舞台ファームは、浪江町に福島舞台ファーム㈱（代表取締役　志子田勇司）という子会社の農業生産法人を立ち上げ、地主から農地を借り入れて2019年度から477aで営農を開始している。2020年には栽培面積を30haに拡大しているため、一気に浪江町の最上層に位置することになった。高性能の田植え機やコンバインを有するなど作業効率性を重視した資本装備となっている。

また、浪江町では収穫した米（もみや玄米）を保管するカントリーエレベーターの稼働が2021年９月に予定されている。浪江町の苅宿地区と棚塩地区の２か所に設置され、約2,100tの受け入れに対応（水稲作付面積で約600haに相当）が可能となっている。

これらを受けて、浪江町では営農再開者や避難先の農業者に意向を聞いたところ、2021年度は約180haの水稲作付面積が見込まれており、一気に２倍に加速することになっている。

以上のように、浪江町の農業の中核品目は米であるが、2021年のカントリーエレベーターの稼働が見込まれるなかで、水稲作付面積はさらに拡大の見通しとなっている。今後は担い手形成に向けて、新たな組織経営体への検討が深まっていくのではないかと考えられる。すなわち家族農業経営、営農組合や任意組織による組織経営体、福島舞台ファーム㈱といった外部の農業生産法人など多様な担い手形成が望まれる中で、今後の農業再生の動きが注目される。

3 トルコギキョウ栽培による再生の取り組み

井形雅代（国際バイオビジネス学科）

（1）花きを取り巻く状況

福島県では、多様な気候を活用した切り花、枝物、鉢物など様々な花き栽培に取り組んできた。しかし、東日本大震災における直接的な被災や原子力災害を受けた風評被害により福島県農業が大きく影響を受けるなか、花き栽培も作付面積や農家戸数の減少、単価の下落などに見舞われた。

福島県は、花き生産では宿根カスミソウの生産量は全国第３位（2012年）、トルコギキョウの生産量は全国第６位（2015年）など、一定の実績がある。筆者は『食料基地再生のための先端技術展開事業』（農林水産省・復興庁）の課題の一つである「農業経営における先端技術導入効果の解明－福島県」（2013～2017）に経営研究チームのメンバーの一人として花き経営のモデルづくりに携わった。そのなかで2016年に実施した花の購入者を対象としたアンケート調査では、青果物にみられたような福島県産品の回避はほとんどみられず、５割以上が「価格や品質面で特にメリットがなくても福島県産を購入する」と回答していたのが印象的であった[1)]。風評被害を受けにくい花き経営の振興は、福島県農業の復興の柱の一つとしても位置づけられる。

一方、「花」の消費をめぐっては、その動向の変化が注目されている。全国１世帯当たりの切り花支出金額は、近年、横ばいか若干減少傾向にあるが、年齢階層別にみると、若年層、特に20歳代、30歳代の支出金額は著しく少ない。家庭用切り花需要は高齢者世帯が支えているのが実態である。家庭用、冠婚葬祭、イベントなど従来の需要に加え、社会福祉施設、教育（花育）等、日常生活において花きの需要を喚起し、「花きに関する伝統の継承」、「花きの新たな文化の創出」等の取り組みが行われている[2)]。

（2）花き振興による浪江農業の復興

相双地方は会津地方とならびトルコギキョウの産地であったが、主産地での生産が停止し、その影響による作付面積や出荷量の減少から回復していない。福島県では、「避難地域の農業復興」「新たな農業の展開をリードする品目としての花きの積極的な導入」を目指して「浜通り等の花き振興プロジェクト」を策定し、浪江町を含む「福島イノベーション・コースト構想」対象地域において、トルコギキョウ等の重点的な産地育成を目指している[3)]。

こうしたなか、浪江町での花き経営への取り組みは非常に特徴的である。まず、紹介しなければならないのは、特定非営利活動法人Jinの川村博氏（幾世橋地区）である（現在は代表を交代している）。震災前、川村氏は福祉施設を運営しており、震災後も避難先で生活支援・自立支援等に関わってきた。川村氏が本格的な花き経営に取り組んだのは一部避難解除後であり、新規就農かつ浪江町における農業再開第１号となった。川村氏によると、「浪江町を荒れ果てさせてはいけない」「浪江町の復興は農業から」との思いで、風評被害のない花き経営に取り組むこととしたが、全く経験がなかったため、トルコギキョウ生産では全国に名が知られる長野県松本市の上條信太郎氏に学んだ。就農後まもなく、川村氏のトルコギキョウは市場で高く評価されるようになり、ストック、キンギョソウ、カラーなども導入し、今日の経営に至っている。

川村氏は、高品質を実現して高収入を上げ、きちんと納税し地域に貢献すること、浪江町の農業の復興には、Iターン、Uターンで若者に農

写真Ⅲ-1-1　川村氏のハウスでの研修風景（左・右）（2019年1月）

業に取り組んでもらうことが不可欠であるとして、「8時間労働」「土日休業」「高い所得」「ICTの導入」を自ら実践していくことの重要性を挙げている。そして、川村氏が学び育てた技術と経営は、「支えあうことが大切」という川村氏の言葉どおり、川村氏の法人に参加し浪江町に移り住んできた若者はもとより、浪江町に戻り農業を再開しようとする人々にもICTを通じて共有されている。

こうした浪江町における花への取り組みは「花の一大産地化を一緒に目指す花づくりの仲間づくり」である「浪江町フラワープロジェクト」へと成長している[4)]。2020年11月現在、浪江町における花きに関連する経営は、**表Ⅲ-1-3**のとおり8経営体となっており、徐々に拡大してきている稲作や野菜作とともに浪江町農業の復興を支えている。

表Ⅲ-1-3　浪江町における農業復興と花きの状況　　単位：ha、経営体数

区分	2016	2017	2018	2019	2020
水稲作付面積	2.25	2.25	7.71	27.23	89.66
飼料作物作付面積	0.60	0.80	1.40	1.64	1.64
野菜類作付面積	2.18	2.97	5.57	16.27	18.17
花き類作付面積	0.26	1.36	3.64	5.20	7.28
うち切り花類	0.26	1.36	1.64	2.40	2.44
うち枝もの類（生花花材を含む）			2.00	2.80	4.84
花き経営体数	3	3	7	7	8
果樹類栽培面積	0.00	0.00	0.99	1.19	1.19
景観作物他作付面積	0.14	2.28	0.02	0.02	16.79
計	5.43	9.66	19.33	51.55	134.73

資料：浪江町役場

(3) 学生の取り組み

浪江町における活動の一環として、筆者は学生とともに花を中心とする浪江町農業の復興に理解を深め、花づくりの生産現場の支援と花を用いた加工品の開発という両面からの取り組みを行ってきた。取り組み始めてから2年半程度と、短い期間であるがその内容を整理する。

①若い世代は花とどうかかわってきたか－消費者としての学生

まず、学生と花との接点について、浪江町での活動に関わってきた学生を中心に約30名に対して聞き取った感想は次のとおりである。なお、対象の学生はビジネスを学んでおり、農業実習の機会は極めて少ない。

第一に、「花の名前を知らない」。名前と実際が一致するのは、キク、チューリップ、バラ、カーネーション、ユリくらいであり、この取り組みで「トルコギキョウを初めて知った」「トルコギキョウという名前と花とが一致した」という学生も少なくなかった。第二に「花はいらない、贈らない」。その理由は、「花瓶がない」「枯れていくので始末が面倒」。ただし、「プリザーブドフラワー」や「ハーバリウム」はもらって嬉しいし、他人にも贈る。母の日にプリザーブドフラワーをプレゼントしたという学生もいた。

②生産支援の取り組み

花に関する知識とアイディアは、実際に花の作業に取り組み、花の生産農家とのコミュニケーションから得る、という考えから、研究室は主に、荒川勝己氏（加倉地区）と菅野富美枝氏（北幾世橋地区）の圃場で作業をさせていただいた。

荒川氏は、震災前には水稲と鉢物類の経営を行っていたが、他県への避難を経て、前述の川村氏からトルコギキョウづくりを学び、2018年から以前とは別の地区で営農を再開し、現在はトルコギキョウ、ラナンキュラス、ストックなど、切り花中心の経営となっている。学生の作業は、苗の定植が中心であったが、それまでは野菜の実習経験しかなかった学生には、繊細で注意の必要な作業となった。

菅野氏は、勤めと農業とを両立する経営者である。菅野氏も前述の川村氏から技術を学び、主にトルコギキョウを生産している。学生の作業は、定植後の管理作業や電球の設置などであった。菅野氏からは、花の加工品について、「花びら染め」「背の低い品種を組み合わせた寄せ植え」「フラワーエッセンス」などのアイディアを提供していただいた。

荒川氏と菅野氏ともに、一部避難解除後に花き経営に参入し、ともに基本的に一人で作業を行っている。作業中の対話という手段をとおして、生産技術の一端、施設導入の資金や作業のやり繰りなど経営的な情報、浪江町の復興に対する思いなどが、学生という次の世代に伝わっていくのを実感した。

写真Ⅲ-1-2 荒川氏のハウスでの研修風景（左・右）（2019年11月）

写真Ⅲ-1-3 菅野氏のハウスでの研修風景（左・右）（2019年11月）

③加工品への取り組み

花は鑑賞用であり、時には芸術品に例えられる。花の加工品も花の形や色を生かしたインテリアやオーナメントなどに展開されるのが一般的である。一方、成分に着目すると、香料、オイル、色素の利用など、鑑賞するものから食べるものへと用途を転換するとエディブルフラワー（およびその加工品）などがある。

学生は、役場での意見交換、町内視察、前述した生産農家での作業やインタビューなどを通じて学習を行った。自由に花の加工品をイメージしてもらったところ、「生花のマーケットが弱い」「一定需要に偏る（冠婚葬祭など）」「枯れてしまうため処理が大変・廃棄処分の削減」「若い人からの需要獲得」などの背景から、「リップオイル・ネイルオイル」「アクセサリー」「キャンドル」「スマホケース」「ハーバリウム」等のアイディアが出され、試作品づくりにも挑戦した（**写真Ⅲ-1-4**）。しかし、これらは技術的に難しかったり、市場が飽和状態のものがあり、また、「世界に一つしかないもの」という浪江町の要望にも合わず、現時点では開発は実現していない。

６次産業化の事例や研究のほとんどは食品加工を対象としたものであり、直接参考にできる事例はあまり見当たらない。しかし、そのコンセプトを活用するならば、学生は「客の問題を解決する製品」をイメージしていたのだと思われる[5)]。前述のとおり、統計からは若者の花離れは

写真Ⅲ-1-4　学生による加工品のアイディアと試作

顕著であり、つぼみが咲きやがて枯れていくという生きているあかしをマイナスととらえていることには驚く。しかし、「花瓶が必要」「枯れる」「（花束は）持ち運びが大変」という顧客、というより、自分たちの世代が感じている課題を解決し、花のもつ華やかさ、美しさ、癒しを閉じ込めたいと思った、ということだけは評価しようと思う。

（4）浪江町における花に関わる取り組みのこれから

浪江町には、川村氏をはじめ、花の生産では様々な人材が活躍し、高い生産技術による高品質・高規格の花き経営が行われている。切り花は８割程度が卸売市場を通して流通するといわれ、その市場において高い評価を受けているのに加え、川村氏のトルコギキョウは東京オリンピックでメダリストに授与される副賞や（オリンピックは2021年に延期となっている）や華道家の個展などにも採用されるなど、特定のニーズ層からも高い評価を得ている。

一方、花需要のすそ野は、学生の指摘のとおり脆弱とも思われ、生花よりも幅広いニーズに対応した「何か」が必要である。筆者や学生にとっ

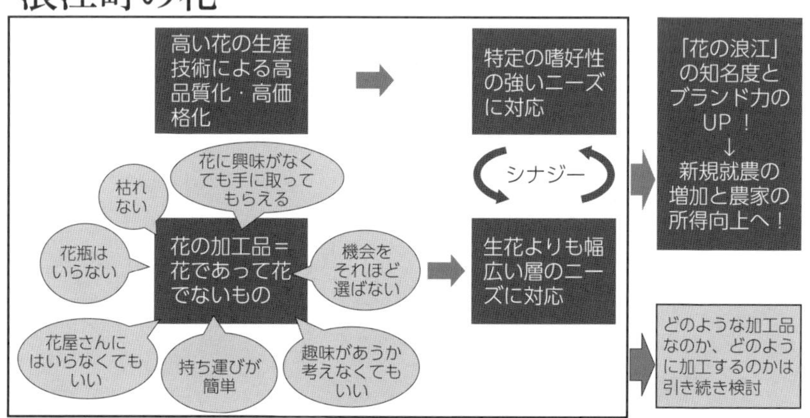

図Ⅲ-1-4　浪江町における高品質花生産と加工品の相乗効果

てのゴールは、馬場立治氏がすばらしいコンセプトで開発中の入浴剤「ハナミエ」である[6)]。ハードルは高いが今後も、「花の浪江」としての知名度とブランド力を一層盛り上げていくことができる活動に取り組んでいきたいと思っている。

4 エゴマ栽培の進展と農の景観再生

入江彰昭（地域創成科学科）

浪江町の石井農園（代表石井絹江氏）は、2015年から福島市と浪江町で営農を再開した。特にエゴマ栽培に取り組み、エゴマ油、エゴマドレッシング、エゴマラー油、エゴマ生キャラメルミルク、かぼちゃ饅頭などの加工品を作ってきた。農薬や化学肥料は一切使用せず、種まき・刈取り・乾燥まで全て手作業で行われていた。収穫は、機械作業よりも手作業での収穫のほうが実落ちも少なく、収量も多くなる。

そこで、2019年からエゴマ栽培の学生実習を行うこととなった。2019年５月28日、浪江町役場で石井絹江氏とエゴマの植付け（７月）、除草管理（９月）、収穫（10月）の時期を打ち合わせし、実習予定を検討した。

2019年度は７月の長雨も影響し、８月10、11日にエゴマ植付け（**写真Ⅲ-1-5**）となり、初めて浪江町を訪れた学生たちは、被災地で前向きに取り組む地元農家、役場の方々の姿勢に感動していた。９月13、14日に開花期を迎えたエゴマ周辺の除草管理作業（**写真Ⅲ-1-6**）と地元・岡洋子氏が浪江町で営むカフェ OCAFE（オカフェ）でエゴマ試食会を行った。

実習に参加した学生たちは、エゴマの畝間の除草作業は、かがむ姿勢と手間がかかり苦労が多いものの、除草後のきれいになった畑をみて達成感を感じていた。試食会で初めてエゴマを食べた学生たちは、エゴマ独特の香りを感じ、エゴマの素揚げやジャム、煎りエゴマなどの試作を美味しくいただいていた。

10月26、27日に浪江町のカフェ OCAFEで開催された「なみえまち食農フェスタエゴマ収穫祭」では、エゴマをはじめとする浪江の復興に関わる様々な方々との交流に元気づけられ、11月１、２、３日の東京農大収穫祭（**写真Ⅲ-1-7**）では、浪江町の活動に参加した学生たちによって石井農園の商品（さくらんぼジャム、いちじくジャム白ワイン/紅茶、エゴマドレッシング、エゴマジャム、エゴマ ラー油、トマトドレッシング、すりエゴマ）は完売することができた。

2020年は世田谷の農大通り商店街のパン屋に依頼し、学生手づくりのPOP広告とともにエゴマ商品の店頭販売や、桜苗木生産による桜の里づくり（**写真Ⅲ-1-8**）もはじまった。これからも学生とともにエゴマの里づくりをはじめ、農の景観再生に少しでも貢献したい。

写真Ⅲ-1-5　８月10、11日エゴマ植付け

写真Ⅲ-1-6　９月13、14日エゴマ圃場の除草管理

写真Ⅲ-1-7　11月１、２、３日東京農大収穫祭

写真Ⅲ-1-8　桜苗木生産による桜の里づくり

5 新規作物としてのペピーノ栽培の可能性

髙畑　健（農学科）

ペピーノ（*Solanum muricatum* Aiton）はナス科の果菜類（黄色く完熟した果実を収穫、写真Ⅲ-1-9）で、原産地は南米とされている(Heiser, 1964;坂田, 2004)。わが国においては、1983年にニュージーランドから甘さを重視した果物（デザートとして利用する）として、大手商社によって果実が導入された。果実の特徴として、果皮は黄橙色で紫色の縦縞模様が入り、果肉は多汁質で果皮同様に黄橙色、香りは甘くてフルーティーさを感じるエステル系で、味はメロンと洋ナシを混ぜ合わせたようである。形状は長ナスのようなものや、ハートの形をしたもの、ソーセージ型まで様々あるが（写真Ⅲ-1-10）、主要なものとしては丸型やたまご型である。食べ方としては、リンゴを食するように果実を縦方向で何等分かにし、その後に皮をむき、中心部に存在している種子などを取り除き、そのまま食する。1984年頃からペピーノ苗が輸入され、日本でも栽培されるようになった。当時の出荷されたペピーノ果実（1個当たり）は、重さ200～300g程度、店頭価格は1,000円前後であった。しかし、国産ペピーノの糖度は、市場で求められていた10°以上に対し、6～8°と低かった。そのため、市場での評価が低く、栽培は次第に下

写真Ⅲ-1-9　ペピーノ果実

写真Ⅲ-1-10　様々なペピーノ果実
(Rodriguez-Burruezoら, 2011)

火となっていった（坂田，2004）。結局、その後の国内でのペピーノ栽培は定着することなく廃れてしまった。その要因としては、高級果実として珍しさが先走ったこと、品種が不明確で栽培方法も確立していなかったこと、片手間に栽培に取り組んだ農家が多かったことなどが挙げられる。

現在のわが国におけるペピーノ果実は、沖縄県においてわずかに市場出荷されているくらいであるものの、安定生産しているわけではない。導入当時、神奈川県の園芸試験場や静岡県の農業試験場などでペピーノの栽培に関する研究が行われていたが、近年の全国における農業技術センターや大学においてもペピーノに関する研究報告を聞かない。そのため、現在の日本ではペピーノに関する研究はされていないと思われる。そこで、東京農業大学は現在のわが国でペピーノの生産が盛んではなく、研究もされていない現状に着目し、既存の作物だけでなく、未利用生物資源の中から新たに作物を創造することも農学の重要な役割であると考えた。そして、一度は衰退したエキゾチック感のある植物資源に対して、持てる技術を駆使して復活・復興にチャレンジする植物資源こそが「ペピーノ」であると捉え、大学としてプロジェクト（大学戦略研究プロジェクト：2016～2018年）を立ち上げてブランド化に取り組んできた。

プロジェクトを進めていく中で、高品質（特に高糖度であること）ペピーノの栽培方法を開発したのはもちろんであるが（Takahata,2017）、糖度が高くないペピーノ果実であったとしても、加工品としてのポテンシャルの高さも見出してきた。具体的にはジャム、パイ、コンポート、ゼリー、パウンドケーキなどである（**写真Ⅲ-1-11**）。これらはペピーノの風味や食感、さらには鮮やかな果肉の色などを損なうことなく美味しく仕上がることが分かった。なお、上記したペピーノの加工品は、日本において聞いたことがない。

高糖度を主とした高品質ペピーノを生産するためには、細かな環境調整ができるハウスでの栽培および管理が必須である。しかし、高糖度にはならないものの、露地栽培によって多くの果実を生産することができる。原産地であるペルーでのペピーノは、露地圃場において株間１m、条間２mにして植え付け、細かな管理はせずに粗放的に栽培されていた（写真Ⅲ-1-12）。なお、沖縄県でのペピーノもこれに近い露地での栽培であった。これらに倣って、浪江町においても春から夏にかけて露地栽培によるペピーノの果実生産は可能であると思われる。浪江町の農業“新興”に向けて起爆剤となる作物は何かと問われたときに、一度廃れてしまったペピーノこそが、浪江町とともに復活する最適な作物であると考えられた。そこで、神奈川県の厚木キャンパスで育苗した数十株程のペ

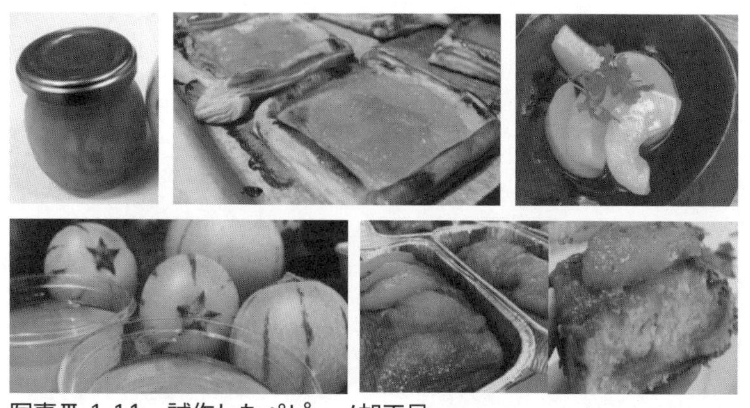

写真Ⅲ-1-11　試作したペピーノ加工品
（上：左からジャム、パイ、コンポート、下：左からゼリー、パウンドケーキ）

写真Ⅲ-1-12　ペルーにおけるペピーノ栽培の様子

ピーノ苗（写真Ⅲ-1-13）を2019年の６月上旬に浪江町藤橋地区に定植し、果実が収穫できるかどうか栽培を試みた。定植作業は町の方々と学生数名とで行った（写真Ⅲ-1-14）。また、その際に学生は民泊し、地域の方々とペピーノ加工品の試食会も行って交流を深めた（写真Ⅲ-1-15）。この年、

写真Ⅲ-1-13　浪江町に定植したペピーノ苗

写真Ⅲ-1-14　浪江町藤橋地区におけるペピーノ定植作業の様子

写真Ⅲ-1-15　ペピーノ加工品の試食会の様子

浪江町でのペピーノ果実は２～３個程度しか収穫出来なかったが、今後も浪江町において試行錯誤しながらペピーノ栽培にチャレンジしていく。浪江町で栽培して収穫できたペピーノ果実を加工品にすることで浪江町ブランドを作り出し、ペピーノが浪江町の農業“新興”の一翼を担うものになるように進めていきたい。

6 浪江町における６次産業化の課題

小川繁幸・黒瀧秀久（自然資源経営学科）

現在、「農」を巡る環境は大きく変化しており、その領域も多様化している。これまでの「農」の領域は、生産性重視の社会的な基調から、農林水産物の生産活動のみに特化してきたが、海外農産物との競合などから農林水産業が疲弊するなかで、生産物の生産のみでは農林水産業を維持していくことが困難となりつつある。そのため、どちらかというと、“生産”が中心であった「農」の領域は、現在では農林水産物の付加価値化という視点から、フードシステム、サプライチェーンに注目が集まり、農林水産物の最終利用・消費過程である「食」領域との連接が色濃くなっている。その結果､「農」の領域は「食農」という領域に拡充され、これまでの“生産”中心のアプローチから“生産－加工－流通･ビジネス”という、いわゆる農林水産業の“６次産業化”へのアプローチの重要性が高まっている。

（１）原料供給基地からの脱却に向けた異業種連携の必要性

今日、日本の農林漁業や地域の中小企業を取り巻く経営環境は、経済の国際化･グローバル化が進展するなかで大きく変化している。FTA(自由貿易協定）やEPA（経済連携協定）交渉の締結によって関税撤廃に向けた動きが進み、TPP（環太平洋経済連携協定）のもとで、より国際競争力（＝輸出ができる力）の強化が求められている。

その一方で、消費者の食に対する消費志向は、東電福島第一原発の事故などから安全志向や本物志向、健康志向の高まりと同時に、低価格志向（食費の節約）の高まりがみられ、大きく２極化する傾向にある。これら①国際競争力の強化、②消費者の食に対する消費志向の２極化は、「食」を支える農林水産業が最も意識しなければならない視点である。

日本においては、これに対応すべく、従来の原料供給体制の農業から地域資源の有効活用や高付加価値型のビジネス・モデルの構築を目指した６次産業化に関する施策によって各地で新商品開発や新事業創出が行われている。なお、現在の全国における６次産業への取り組み状況を見てみると地域的な特色が表れており、北海道は、農産加工、観光農園、農家レストランへの取り組みが目立ち、東北は農産加工への取り組みが、中国・四国は地域コミュニティビジネスとしての直接販売が目立つ（**表Ⅲ-1-4**参照）。

しかしながら、全国の６次産業化の展開状況を俯瞰して見ると、どの地域も画一的に６次産業化構想を掲げ、結局はかつての一村一品運動と同じく、各地で類似商品が散見されるため、将来的な農畜産加工品市場の飽和も懸念される 。即ち、激変する経営環境の変化に対して、農業

表Ⅲ-1-4　全国における地域別の６次産業化への取り組み状況

単位：経営体、％

	農産物の加工		消費者に直接販売		貸農園・体験農園等		観光農園		農家民宿		農家レストラン		海外への輸出		その他
		割合		割合		割合		割合		割合		割合		割合	
全国	25,068	10.0	236,655	94.3	3,723	1.5	6,597	2.6	1,750	0.7	1,304	0.5	576	0.2	1,836
北海道	882	16.7	4,597	87.0	296	5.6	291	5.5	219	4.1	140	2.6	48	0.9	153
東北	3,862	12.7	28,357	93.0	424	1.4	703	2.3	356	1.2	218	0.7	72	0.2	310
北陸	1,682	10.9	14,471	93.6	175	1.1	188	1.2	122	0.8	67	0.4	64	0.4	84
関東・東山	6,742	10.4	61,395	94.5	1,227	1.9	3,112	4.8	333	0.5	295	0.5	141	0.2	488
東海	2,210	8.2	25,850	95.7	328	1.2	447	1.7	39	0.1	93	0.3	70	0.3	204
近畿	3,151	10.1	29,005	92.9	566	1.8	555	1.8	124	0.4	130	0.4	40	0.1	138
中国	1,942	8.2	22,900	96.1	186	0.8	417	1.8	75	0.3	98	0.4	22	0.1	133
四国	1,037	6.6	15,207	96.7	89	0.6	146	0.9	64	0.4	57	0.4	28	0.2	76
九州	3,426	9.5	33,859	94.3	398	1.1	706	2.0	356	1.0	189	0.5	86	0.2	235
沖縄	134	11.6	1,014	87.4	34	2.9	32	2.8	62	5.3	17	1.5	5	0.4	15

資料：「農林業センサス」2015年より作成

は十分にそれをキャッチアップができていない状況となっており、サプライチェーンとバリューチェーンの統合化や海外マーケットを視野に入れた先進的経営による６次産業化が求められている。

他方、農林水産物の販売先である食料品製造業においては、冒頭の消費者の食に対する消費志向の２極化を意識した食料品開発はもちろんのこと、昨今は特に消費者の安全志向、本物志向、健康志向の高まりから、国産延いては地域原産の原料資源を求める傾向にあり、国内における安定した食料品原料の確保が大きな課題となっている。ゆえに、食料品製造業においては農業生産者とのネットワークの形成が重要であり、この点は異業種との連携による高付加価値化（６次産業化）を望む農業生産者の意向とも合致する点である。

しかしながら、いざ食料品製造業者が農業生産者と連携したくとも、現実的には①農業生産者とつながるチャンネルがない、②農業生産者と連携したくとも、小ロットでの納品しか対応できない農業生産者では連携が難しいといった課題が生じている（昨今では、温暖化などによる異常気象から、そもそも生産物の安定供給自体が難しくなってきていることも要因の一つとして挙げられている）。

以上の点から、農林水産業、食料品製造業はいずれも異業種連携によるネットワークの形成を求めており、そこから海外マーケットを視野に入れたサプライチェーンとバリューチェーンの統合化を図っていくことが、日本の食産業においては最も重要なポイントである。

また、前述のとおり、消費者の安全志向、本物志向、健康志向の高まりから、農業生産者と食料品製造業者の両者いずれもが注力しているものに、“食の第３次機能” として着目されている“機能性”による商品の差別化が挙げられる。しかしながら、“機能性”に特化した農林水産物を育種・普及していくためには、多くの時間とコストを要するばかりでなく、さらに“機能性”を証明するための根拠を用意するためにも時間とコストを要することから、生産者が個別に“機能性”食品の開発に取り組むよりも、多様な関係者との水平的な連携によって展開することが望ましいといえる。

以上の点を踏まえつつ、続いて本学で取組む福島県浪江町の６次産業化の取り組みを見ていく。

（２）東京農業大学の復興支援にむけた６次産業化の取り組み

東京農業大学は、かねてより「東日本支援プロジェクト」として福島県相馬市での営農再開を目的に、被災地の調査・復旧へ地元のステークホルダーと尽力してきた。さらに2017年に避難指示解除となった福島県浪江町においても主産業である農業の復興・営農再開が急務となっている。こうしたなか、本学が有する産学官連携のネットワークを最大限に活用したコンソーシアムを形成し、2018年度から「大学等の復興知を活用した福島イノベーション・コースト構想促進事業」として『福島県浪江町における農業“新興”に向けた取り組み～担い手育成に向けて～』を実施しながら、浪江町の就農拡大や６次産業化、スマート農業の推進によって、新規就農を中心とする「担い手育成」の取り組みを加速させていくことを目的として実施している。

具体的には、浪江町の農業復興のボトルネックとなっている“ソフト面”を支援するため、本学の“復興知”を結集し、（１）就農拡大への取組み、（２）６次産業化推進の取組み、（３）スマート農業推進の取組みを展開し、“復興”から一歩進んだ農業の“新興”を目指している。

特に（２）については、①新規作物等（ペピーノ、小麦）の提案・営農指導、②地元産品の６次化支援プログラムの開発・実践（エゴマ、トルコギキョウの商品化、ペピーノ加工試作）、③景観作物（桜、ジャカランダ）の検討・検証、④６次産業化支援テキストの作成、農業セミナーの開催などを展開してきた。

しかしながら、復興途中である浪江町において６次産業化を推進していくには、大きな課題がある。それは、①もともと稲作を主力としてきた浪江町において、どのように米のブランド化を図っていくのか、②新たな地域特産品として何を選択し、「誰が」「どのように商品化し」「どのように販売していくのか」という点である。

福島県浪江町は、以前は農業や漁業等の１次産業を始めとして商工業も盛んで、約24,000人が居住していた。避難指示解除のあと、徐々に帰還者も増えてきており、2019年には、スーパーイオン浪江店がオープンし、2020年には道の駅が開設されるなど、生活インフラの整備も進みつつあるものの、町民の帰還は、2019年７月時点で1,100名に留まっており、復興がまだ始まったばかりの状況である。また、震災以前においては、浪江町の農業は水田が約1,500haと米が主産品となっていたことから、震災後も稲作の復興に力を入れており、米の作付面積は2017年の２haから2018年は６ha、2019年は27ha、2020年は89haと徐々に拡大してきている。米以外にもタマネギやエゴマ、トルコギキョウ、コケ、オリーブなどの栽培を実施する農業者はいるものの、震災以前から米＋兼業で経営規模が小規模であったため、担い手の高齢化も進行しており、地域農業の「担い手育成」は喫緊の課題である。

そのような中で、米を地域ブランド化していくことが浪江町の復興においても重要な点であるが、日本各地にあるブランド米と競争していくためには、浪江町独自の強み（差別化）を図っていくことが必要である。そこで本学では浪江町の米のブラン

写真Ⅲ-1-16　浪江復興米のパッケージ

ド化に向けて、学生が復興支援に関わっていることをPRすることで、本学が有する産学官連携のネットワークを活用し、特に首都圏が有する多様で豊富な人材、企業への周知と復興事業への賛同・参画の促進を通じて、浪江町の農業復興を支援することを目的に、2020年度に、学生が実習で収穫した米を「浪江復興米」（**写真Ⅲ-1-16**）として、本学の大学生協や浪江町の道の駅等での販売を行った。また、浪江町の地元の酒蔵の㈱鈴木酒造店と連携のもと、地元の新たな日本酒「復興酒」の開発・販売を企画している。

また、②新たな地域特産品として何を選択するのかという点については、農業復興において、大きな課題となる放射性物質の問題（土壌に残留する放射性物質を吸収しづらい作物の選択、風評被害のリスクなど）を踏まえつつ、さらに限られた労働力で収益性の高い作物＋ビジネス・モデルを検討していかなければならない。ゆえに、浪江町において６次産業化を展開する上では、農家自身が“生産－加工－流通・ビジネス”に取り組む、いわゆる“垂直的”な６次産業化よりも、地域内外の多様な関係者によって展開する“水平的”な６次産業化が展開しやすいように思われる。その点では、多様な人材・企業とのネットワークを有する本学の役割が重要であることは言うまでもない。

（３）福島県浪江町の農業“新興”に向けて

今日、日本の農業を俯瞰して見ると、日本農業は経営の安定化に向けて、高効率→高所得の経営を目指し、単純に収益性の高い作物をいかに効率よく作るかのみに焦点が集まり、あたかも工業製品をつくっているような感覚が農業生産者の中にも定着してきたように思われる。

しかしながら、震災によって農業にかかわるモノ（圃場、生産物、生産者、地域文化、景観など）の多くを失った浪江町においては、単純に収益性の高い農作物を新たに選択・普及していけばよいというわけではない。地域住民にとっての“ふるさと”としての復興に加え、新たに浪

写真Ⅲ-1-17　道の駅なみえにおける販売実習

江町としての姿を模索していくなかで、持続的な農業経営モデルを構築し、地域文化と風土の醸成につなげていくことが必要である。それこそが農業“新興”であり、これからも本学は浪江町の復興に向けて邁進していく所存である。

【注】

1)　東京農業大学国際バイオビジネス学科経営研究チーム（2018)。
2)　農林水産省（2019)。
3)　福島県（2019)。
4)　浪江町フラワープロジェクトでは、花き経営に関する情報をはじめ、鈴の木ファームの鈴木夫妻（苅宿地区)、生け花花材を生産する吉田晴巳（苅宿地区)、松本伸一氏（苅宿地区）や新規就農の若者など花づくりに取り組む人々の情報が発信されている。https://namie-flower.jp/

5) 黒滝秀久監修（2020）。
6) 馬場氏は、難しいとされていたトルコギキョウの乾燥技術を開発し、ネーミング、ストーリー、デザイン、クオリティすべてに優れている。
https://www.hanamie-flower.com/

【引用文献】

黒瀧秀久監修『農業６次産業化の地平』、(2021)、筑波書房
東京農業大学国際バイオビジネス学科経営研究チーム『農業経営における先端技術導入効果の解明－食料基地再生のための先端技術展開事業報告書』、(2018)
農林水産省『花きの現状について』、(2019)
http://www.maff.go.jp/j/seisan/kaki/flower/attach/pdf/index-37.pdf
(2020年１月確認)
福島県『花き振興計画』、(2019)
https://www.pref.fukushima.lg.jp/uploaded/attachment/314902.pdf
(2020年11月確認)
坂田好輝. 2004. ペピーノ. p.305-309.『野菜園芸大百科』第２版　20. 農山漁村文化協会. 東京.
Heiser, C. B. 1964. Origin and variability of the pepino (*Solanum muricatum*): A preliminary report. Baileya 12: 151-158.
Takahata, K. 2017. Effects of stem constriction using steel washer rings on the soluble solids content of pepino (*Solanum muricatum* Ait.) fruit. The Horticulture Journal. 86: 470-478.
Rodríguez-Burruezo, A., Prohens, J. and Fita, A. 2011. Breeding strategies for improving the performance and fruit quality of the pepino (*Solanum muricatum*): A model for the enhancement of underutilized exotic fruits. Food Reseach International 44: 1927-1935.

Column

東京農大生の新規就農に期待する

浪江町農林水産課課長補佐兼農政係長兼農業委員会事務局次長
大浦龍爾

浪江町は2017年３月31日に一部町内での避難指示が解除されるまで町内居住者はゼロでした。長期避難の影響で避難先での定住傾向が進み、解除後の町内での営農は134ha、経営体は44にすぎず（2020年10月時点）、ともに４％の再開率です。原発関連産業（当町は隣接町）の影響もあり商業が盛んで、農業は第二種兼業農家の割合が高いです。これからの最大の課題は担い手の確保です。

町内の全農地は3,100ha。農地所有者の今後の農地の活用意向（自身で営農、他者の農地も営農可、農地管理できない）を地域（帰還困難区域など営農ができない地域を除く17の地域）ごとに確認し、一筆ごとに誰が管理していくのかを特定するマッチング作業を展開中ですが、各地域の農地面積に比して担い手が少ない現状です。

その差を埋めるために、外部からの担い手の参入にも力を入れています。また、高齢者も多く、後継者対策としての法人化支援を推進する予定です。営農するにあたって各経営体への農機等の取得、リース事業を充実させています。併せてカントリーエレベーターなど多くの利用者が見込まれる農業施設建設も進めています。町としては、人口の確保が課題ですが、小規模高収益型農業が必要で、トルコギキョウ栽培では一定の実績があるものの、今後は野菜作振興、６次産業化にも力を入れていきます。

当町の農地は、草刈や耕耘に対する国の支援があり、除染後の農地は荒廃せずに一定の保全管理がされています。この事業が継続しているうちの、保全管理から営農へのシフトが急務です。現在、福島県酪農業協同組合と連携し、国内最先端の畜産研究施設を含む飼養頭数2,000頭規模の大規模牧場の建設に向けた準備も進めています。被災した町内の畜産農家の就農の受け皿や定住、関係人口の増加、放射性物質の剥ぎ取り客土により低下した農地の地力回復など、多くの効果が見込まれています。そのうえで基幹品目の水稲に加え、牧草、タマネギ、長ネギ、エゴマ、花木が土地利用型作物としての面積増加が期待されます。

一方、小規模高収益型農業の育成は遅れており、それを支える経営支援として、推奨品目の増加、栽培指導の充実、加工、ブランディング、販路など広範な施策が考えられます。このように農業に関するあらゆる資源の再構築が必要であるとともに、新たに浪江の農業を興すこと、そして継続するための仕組みづくりが求められています。

東京農業大学とは、当町と包括連携協定を結ぶ㈱舞台ファーム様の紹介で、2018年度から関係を構築し、2019年１月31日には包括連携協定を締結させていただきました。協定内容は農業振興全般ですが、特に担い手確保と収益性の高い農業への支援をお願いしています。

本年（2020年）で３年目の取り組みとなりますが、山本副学長、黒瀧教授、井形准教授、入江准教授、高畑准教授、菅原教授、小川助教がコアメンバーとなり、㈱舞台ファームにも参加いただいた中で、毎月、実行委員会を開催しています。先生方には、各々長期的なプロジェクトを進めていただいており、得難いご支援の数々に感謝しております。

髙野学長との面談の機会に当町の担い手不足をお伝えした際、「本学は農業大学だが、実際に就農をする者が少ない」との問題意識をお持ちでした。そのうえで、学生が当町を知る、見る、考える、体験する機会の充実から、当町での東京農大生の新規就農は近いものと確信します。収益性の高い農業として６次産業化の知見に期待し、ペピーノプロジェクトのみならず、町民への講座開設による加工の重要性の浸透によって町内の道の駅をさらに盛り上げていきたいと思います。学生の皆さんとの交流から、私どもや農家は毎回元気をもらっており、若者が少ない町内が華やいでいます。今後とも東京農業大学の皆さまとは良好な関係を継続させていただき、今はお世話になってばかりですが、いつの日か、私どもから恩返しをさせていただきたいと考えています。

Column

営農再開からさらなる農業“新興”を目指して

株式会社舞台ファーム 代表取締役　針生信夫

私は江戸時代から続く農家の長男として就農し、2003年７月に株式会社舞台ファームを設立して代表取締役に就任しました。弊社は2017年度から浪江町の「営農再開ビジョン」策定に参画し、2018年には浪江町と農業に関する包括連携協定を締結させていただきました。その後も継続的に浪江町の農業“新興”に貢献すべく、地元農業者のご協力をいただきながら営農再開圃場の拡大を進めていますが、震災後10年を目の前にしてもなお、浪江町の営農再開は途上にあります。

営農再開のためには「担い手の確保」と「農地・農業施設・設備の復旧」を同時に進めていく必要があり、例えれば「鶏と卵の関係」に似た難しさがあります。しかし、課題に直面する福島沿岸部での新しい取り組みには、将来的な日本農業の課題解決に繋がる重要な指針へと変わる、大きなポテンシャルがあると感じています。

2019年11月に浪江町を本社所在地として、舞台ファームグループの関連会社である「福島舞台ファーム株式会社」（代表取締役：志子田勇司）を立ち上げました。震災後初めて営農再開する圃場を地元農業者と連携し、2020年には浪江町内で耕作地を約30haまで拡大、福島県の奨励品種である「天のつぶ」を栽培し、アイリスグループの精米・パックライスの原料として販売を行いました。また、2021年度には浪江町で最新鋭のラック式カントリーエレベーターの建築を予定しており、福島舞台ファームにおいてもさらなる耕作面積の拡大を検討しています。これらの営農再開エリアにおいては、地域住民とともに水系管理に取り組むなど、我々の取り組みが地域農業の「フラッグシップ」となっていけるよう進めているところです。

また、今年で３年目となる東京農業大学・浪江町との連携事業においては、2020年10月３日に福島舞台ファーム南棚塩圃場で、学生による稲刈り体験実習を実施することができました。東京農業大学、浪江町と連携し順調に生育したお米は、厳正なる検査の後に精米し、「浪江復興米」として道の駅なみえや東京農業大学生協等で販売されます。同稲刈りの風景は「NHK WORLD」にも取り上げられ、世界に発信されるなど、大きな反響がありました。

担い手としての農業者は徐々に増えているものの、福島県沿岸部における広大な農地に対してまだまだ少ない状況にあります。また、浪江町の整備するカントリーエレベーター２機は約600haをカバーできるスペックがあるものの、現時点では同スペックを100％利用できる耕作面積には至っていません。舞台ファームグループとしては、営農再開の支援のため、さらなる耕作面積拡大に取り組んでいくと同時に、東京農業大学とも連携しつつ、担い手不足解消に向けて様々な取り組みを実施していきたいと思っています。

2016年４月から東京農業大学と連携させていただき、様々なご知見をいただきながら浪江町の営農再開に取り組んでいます。東京農業大学は、「人物を畑に還す」のポリシーのもと、農業業界を初めとして業界を問わず優秀な人材を輩出しています。日本においては衰退産業とされることの多い農業業界ですが、グローバル的にはそうは考えられていません。世界人口は2030年には85億人を突破すると推測されており、また地球環境においては温暖化による気候変動の不確定リスクは年々加速度を増しています。世界的に農業は人工知能、バイオテクノロジーと合わせ「成長産業」と目されており、農業に関する投資や異業種参入は劇的に増加しているのです。

日本においても、人類の基幹産業である「農業」を、国家国民へ食料を安定供給すべくしっかりと立て直していく必要があります。その中で東京農業大学は優秀な人材、並びにアグリテクノロジーとしての様々な経験・叡智を保有しており、舞台ファームとしてもさらに連携を深め、日本農業の課題解決に邁進していきたいと考えています。

第2章 世田谷キャンパスを中心とした「復興知」事業の展開と成果

半杭真一（国際バイオビジネス学科）

1 サマースクール・オータムスクール

「復興知」事業により、これまでの東日本支援プロジェクトでは資金面で困難であった、教育に関する事業が可能になった。

2019年度に実施したサマースクール、2020年度のオータムスクールは、高校生を対象としたものである。浜通りのなかでも相双地域には大学がないため、この地域の高校生は、出身地を離れて進学することとなり、また、日常的に大学生と接することが少ない。そこで、「復興知」事業の活用により、東京農業大学の強みである「農学」をフィールドワークによって学ぶことを通じて、地元をより深く知ることを目的とした。対象は、福島イノベーション・コースト構想の「イノベーション人材育成」に指定されている高校である。

2019年度は、8月8日に実施した。準備した講座は、「水田の土壌の横顔をみてみよう」「田畑と里山の虫たち」「里山に進出する野生動物」「マーケティング実践講座」であり、高校生はこのなかから一つに参加した

写真Ⅲ-2-1　サマースクール（昆虫）

表Ⅲ-2-1　東京農大サマースクールの講座と参加人数

講座名	人数
水田の土壌の横顔をみてみよう	4
田畑と里山の虫たち	7
里山に進出する野生動物	4
マーケティング実践講座	5

（表Ⅲ-2-1）。メイン会場は、南相馬市小高区の小高パイオニア・ヴィレッジである。宿泊も小高区内の双葉屋旅館であり、学生は、住民全員の避難を経験し、帰還が始まった地域でのフィールドワークを経験することとなった。

各講座が行ったフィールドワークについて、「水田の土壌の横顔をみてみよう」は、津波被災後、手付かずのままであった南相馬市小高区大井の水田を掘り、その断面を観察し、土壌の硬度を測る、というものであった。「田畑と里山の虫たち」は、事前に仕掛けたトラップやその場で採集した昆虫を観察、分類するものであった。「里山に進出する野生動物」は、事前に仕掛けたカメラの映像を見て分析したり、現地での電気柵や罠の見学をしたりするものであった。「マーケティング実践講座」は、南相馬市原町区の㈲高ライスセンターが作った商品である「多珂うどん」を素材として、生産者の話を聞き、売られている場所として道の駅南相馬、フレスコ東原町店を訪れた。このフィールドワークは高校生と大学生がグループを作って行った。

2020年度は、新型コロナウイルス感染症の影響から開催が危ぶまれたが、事前に高校との相談を重ね、オー

写真Ⅲ-2-2　オータムスクール（野生動物）

タムスクールとして開催した。感染症対策として、より広い会場であるサンライフ南相馬を設定し、参加者の検温や手指消毒も併せて実施した。講座は、昨年度よりも一つ多い「水田の大きさをドローンで測ってみよう」「田畑と里山の虫たち」「里山に進出する野生動物」「身近な森でのエコロジー研究＆体験」「マーケティング実践講座」の５種類であり、23名の高校生が参加した（表Ⅲ-2-2）。

写真Ⅲ-2-3　高校生による発表会

いずれの講座も、フィールドワークを行うのみならず、最後は全員が集まって、高校生が発表する報告会を行った。

参加した高校生の感想には「地元にあまり関心がなく『早く東京に行きたい！』と思っていたが、地元の企業の方に話を聞いたり、地元の商品を知ったりして地元を好きになれた。」「めちゃくちゃ楽しかった！希望したコースに参加することができたのでよかった。初めての実習だったが楽しかった。大学でも同じようなことを学びたい。」「今回のサマースクールは農学部志望だと言ったら学校の先生から進められて参加した。震災後の姿を土壌からみることができた。大学生と交流することで自分にはないものを吸収できた。」「同じ商品でも売られている場所による扱われ方の違いを学ぶことができて面白かったです。経営に興味を持って

表Ⅲ-2-2　東京農大オータムスクールの講座と参加人数

講座名	人数
水田の大きさをドローンで測ってみよう	4
田畑と里山の虫たち	5
里山に進出する野生動物	4
身近な森でのエコロジー研究＆体験	4
マーケティング実践講座	6

いるので自分の知識を深め考えることができたなと思いました。」というものがあった。

Talk
参加した高校生に聞く

福島県立原町高等学校
西郁美さん（左）、木幡遥さん（中）
聞き手：国際バイオビジネス学科
半杭真一（右）

　東京農大オータムスクールに参加した高校生に話を聞いた。「身近な森でのエコロジー研究＆体験」に参加した西さんと「マーケティング実践講座」に参加した木幡さんである。進路に悩む高校生に「農学」の面白さは伝わっただろうか。

半杭　オータムスクールの感想は？

西　楽しかった。植物が好きなんですよ。マーケティングとかドローンとかより自然に近いことがやりたくて、森林の講座を希望しました。講座では、植物のことをたくさん話してもらって、例えば、匂いのこととか、目薬に使われていたとか、植物に関する知恵とかを教えてもらったので、植物ってすごいなあって思いました。参加した講座は高校生が４人しかいなかったし、大学生もいなかったから、発表会のスライドとか大変（笑）。フィールドワークは、虫とかもいて大変だったんですけど、すごい鬱蒼とした森林の中に入っていくんです。そこまで行くの？っていうところまで。竹林があって川も流れてて、けっこう冒険でした。

森林講座担当の上原教授

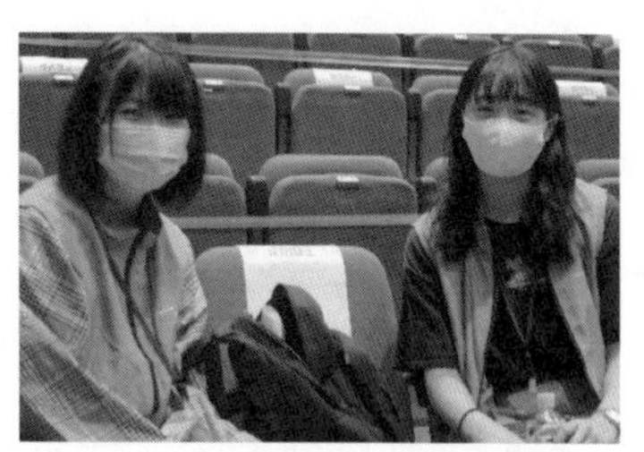
木幡さんとペアを組んだ窪田さん

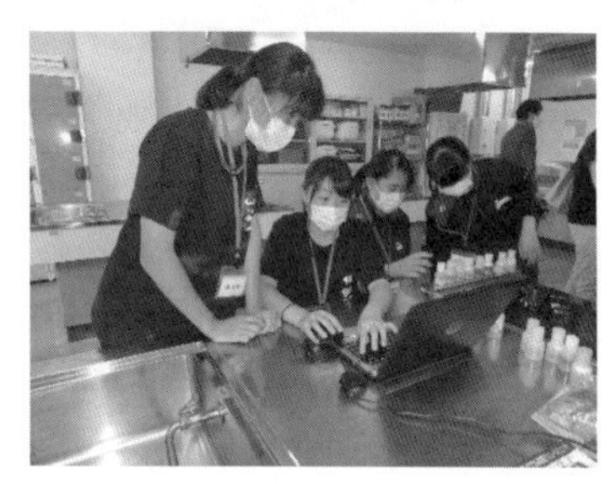
高校生だけで発表の準備

木幡　地元で作られている「多珂うどん」について調べたんですが、身近な商品がこんなふうにマーケティングされているんだっていうのが新しい発見でした。それと、マーケティングの講座だけ、大学生とペアでやったんですね。女性だったんですけど、大学生の方とコミュニケーションがとれたのもいい経験になったし、楽しかったです。

半杭　講座について教えてください。

西　木があるじゃないですか。その木の葉っぱとか枝を使って、匂いを抽出して、その抽出する方法まで教えてもらって。そういうのが治療にも使われるとか、そんなことまで教えてくれるんだ、って思いました。それで、抽出した匂いもお土産でもらえて。講座のなかで興味を一番惹かれたのはその匂いの部分でしたね。他にも、森の中でレジャーシートを敷いて寝そべってリラックスしてみようって、4人で、ああいいねえって。でもやっぱり蚊が多かった（笑）。それも自然の一部ですけど。

木幡　匂いってどういう匂いだったの？

西　サクラの樹から抽出したやつって、桜餅の匂いなの。ほんとに桜餅そのもの。ヒノキはやっぱり檜風呂の匂いだし、あと何だったかな、ほんとにね、5種類しかとってないけど、全部違う。

木幡　実は進路でちょっと悩んでて、先生と面談したときに、いろんなことに視野を広げてみようって。前にマーケティングについて話を聞いて、それでちょっと興味があったんですが、オータムスクールには先生が勧めてくださったので参加しました。フィールドワークで道の駅に行ったんですけど、ここに住んでるとあまり行かないですよね。私は道の駅は初めて行ったし、そこでああいうふうに売られてる、っていうのも初めて知ったし。初めてのことがいっぱいあった。

西　道の駅では値段の高い商品は扱ってないの？

木幡　今回は「多珂うどん」がテーマで、初めに作ってるところに行って話を聞いたんだよね。それから売っているところを比べて、置いてある場所で値段が違ったり、道の駅は幟とか立ててるんだけど、スーパーだと下の方にあったりとか。他に自分が知ってる地域の特産品とかそういう商品も調べてみると楽しいかなって思った。

半杭　「農学」について、理解できましたか？

西　私は「農学」にもともと興味があって、このオータムスクールっていうのも自分で見つけて、行ってみようかなぁって思って参加したんです。終わってみると、植物を見る目が変わりましたね。もともと植物は好きなんですけど、医療とか食料とか、植物が関係するところがたくさんあって、もっと可能性があるんだって。

初めて訪れた「道の駅」

木幡　あまり「農学」って意識していなかったんですけど、「農学」って広いんだなあって思いました。オータムスクールが終わってからも、お店に行ってもこういうふうにならべるんだ、とか、この店は違う値段で売ってるとか、細かいところに目が行くようになりました。

半杭　うれしい感想でした。どうもありがとうございました。

■オータムスクールの参加者アンケートより

- ドローンを通して、農業のことがよく分かったのでよかったです。大学のこともよくわかったので進学してみたいと思いました。
- 自分で捕まえた昆虫を展翅する作業がとても楽しかった。今まで以上に昆虫に興味を持つことができた。
- 自分の進路を考えるために参加しましたが、想像以上に学びが多く、大学の方々もいろいろ教えて下さって楽しく参加できました。すごく充実した１日になりました。

- 普段は体験できないことを行うことができたので、とてもよかったと思います。身近にあるけど、あまり気にしていないこと、目を向けないことなどに着目できたので、本当に貴重な体験でした。
- 今回のマーケティング講座で多珂うどんに密着して分析や改善点を出すことができて良かったと思います。大学生の方々も優しくアドバイスや着眼点を教えて下さったので楽しくフィールドワークをすることができました。

Column

サマースクールを終えて

国際バイオビジネス学科４年　東條歩香

サマースクールでは、福島県の高校生と私たち大学生合同で班に分かれて、フィールドワークを行ったのち、成果をまとめて発表を行った。他学科の学生や高校生と交流して学習をすることが大学生になって初めての経験だったので、非常に楽しみにしていた。

まず、フィールドワークでは道の駅とスーパーに視察に行き、主にうどんと味噌に注目して、商品ごとの値段の違いや陳列状態を調べた。私たちの班は大学生５名に対して高校生１名だったため、高校生が最初はとても緊張しているように見えたが、コミュニケーションをたくさんとっていくうちに徐々に距離を縮めていくことができた。

一つ目のうどんについて、道の駅では旗やポップなどを効果的に使用して特産品である多珂うどんが目立つように陳列されているのに対して、スーパーでは目立つポップなどは見受けられなかった。しかし、何段かある棚のうち、一番目線に近い高さに多珂うどんが置かれて販売されていた。また、どちらの店でも量のバリエーションが豊富で、一人暮らしの方から二世帯同居をされている方まで様々な人が購入できるよう工夫されていて、それによって値段も区々であった。二つ目の味噌は、道の駅では特産品の味噌が数種類販売されているのに対して、スーパーでは全国展開されているような一般的な味噌から相馬みそまでかなり種類豊富に揃えられていた。陳列の特徴として、棚を縦に区切って一般的な味噌と相馬みそが揃えられていた。このように、二つの商品を調査して販売者の戦略や工夫の下で、私たち消費者の購入行動は導かれているのかもしれないと感じ、とても面白く感じた。

現地での調査を行った後は、教室に戻り、成果をまとめて発表会を行った。時間があまりない中で成果をまとめたが、大学生がリードして高校生の意見を積極的に取り入れながら内容をまとめた。発表は高校生に担当してもらったが、時間がなく原稿も完全には作り終わらなかった状況の中、アドリブでまとめていたのがとてもすごいなと感じた。

普段、学ぶ上で高校生との交流はなかなか無いので、良い刺激を受けた。また、グループワークをする上での協調性や自分の考えを表現する力もこのような経験を通してつけられると思うので、このような機会をいただけて良かったと思った。それから、宿泊先の方や農家の方など皆さんとても親切で、現地の方々の温かさにたくさん触れることが出来た。これからも積極的にいろいろな所へ足を運んで様々な人と交流して経験を積んでいきたい。（※2019年度 成果報告書をもとに再構成）

スーパーでの店舗調査

農大の学生と高校生の交流

Column

福島でのサマースクールに参加して

国際農業開発学専攻博士前期課程2年　エインテエターウ

私は2019年３月にミャンマーから来日し、東京農業大学大学院で応用昆虫学の研究をしている。留学生である私も、日本の文化や高校生のライフスタイルを知りたいと思い、サマースクールに参加することにした。

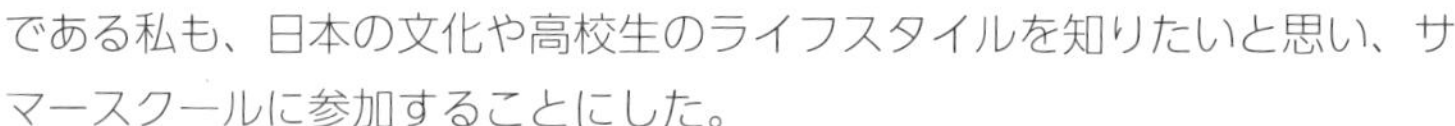

サマースクールの前日には、福島県内の津波被災地を見学した。この地域は昔から台風や地震の影響を受けてきたとのことで、海岸のちかくの水田では、海水を除去するための大型の揚水ポンプを見学させてもらった。わたしの母国では見たことのない高度な技術であり、とても印象的だった。

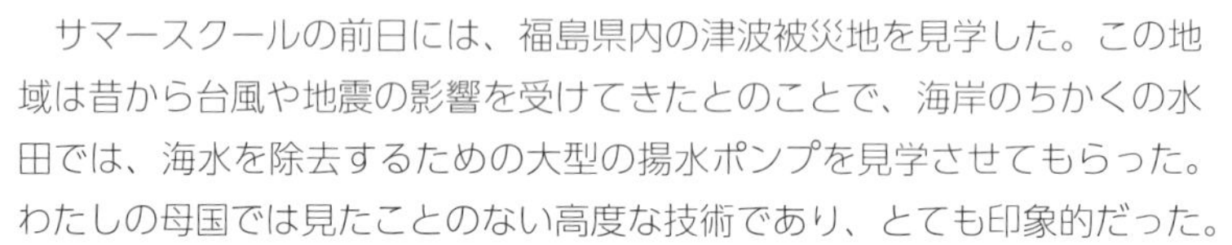

相馬市の伝承鎮魂祈念館では、2011年の津波の際の映像を視聴した。南相馬市小高区役所では震災と復興に関する説明を聞いた。自然災害と防災についての知識を身につけることができ、とてもよい機会となった。

サマースクールでは昆虫班の活動に参加した。まず、雑木林に隣接した牧草地で昆虫採集を行った。雑木林のなかに昆虫捕獲用の誘引トラップやピットフォール（落とし穴）トラップを仕かけ、どんな昆虫がとれているかを確認した。次に昆虫を捕虫網を使って正しく採集する方法を学んだ。高校生たちは大学生の説明を真剣なまなざしで聞いていた。

その後、室内に移動し、採集した昆虫を科に分類し、同定を行った。昼食時にはおたがいに自己紹介をし、大学生は自分たちの研究テーマを、高校

高校生たちとともに採集した昆虫の同定を行う筆者（手前右）

生は将来の目標をそれぞれ話した。

最後にすべての班が集まって、プレゼンテーションを行った。高校生たちは野外で観察したことを発表する方法を大学生から学び、素晴らしいプレゼンテーションであった。

このイベントに参加したことによって、わたしは多くのことを学ぶことができた。多くの人たちとコミュニケーションをとることができ、とても充実した２日間であった。

Column

サマースクール in 福島に参加して

農業環境工学専攻博士前期課程２年　寺島マリソル

2011年東日本大震災が起きたことはニュースでしか知ることができず、被害の大きさは想像するしかなかった。特に、地震などの自然災害が少ない国に生まれ育った者（アルゼンチン生まれの日系３世）として、被災地を訪問するプログラムを聞いた時はとても興味深く参加させていただいた。今回のサマースクールに参加して、現地の人の話を聴き、また、自分の目で見ることによって、自分が想像していた状況とは違うことを感じた。

プログラム１日目は被災地の問題をより深く理解するためにいろいろな場所を見学した。その中でも特に印象に残っていることを３つ挙げたい。１つ目は、災害後１か月以上も海水に沈んでいた田んぼが、この数年でまた生産を開始していることでる。これは農家さんや役所の方々の多大な努力や、さまざまな戦略によって農地を再生している成果であると説明を受け感銘を受けた。２つ目は、相馬市の伝承鎮魂祈念館で、動画や写真を通して自分が今いる場所で８年前に起こった事が実感でき、ニュース等で知っていることとリンクしたことである。３つ目は、東京農業大学の他の学科の先生や学生たちも参加していたので、大学でも話したことがない人たちと交流が出来たことである。

プログラムのメインの目的であるサマースクールでは、現地の高校生とフィールドアクティビティーで交流することが出来た。私のグループでは、まだ生産できない田んぼでサマースクールを実施し、土壌の重要性について話すことが出来た。津波被害のある田んぼの土壌の状況をわかりやすく理解するために、約50cmの深さの穴を掘り土壌の断面を観察した。また、よりよく理解するために土壌の化学分析も行った。地表面から20cmの深さで、津波によって運搬された砂質系の土壌が観察された。また、土壌の化学分析によって、海水による塩類の濃度は８年間の時間が経過することによって低下しており、土壌改良を少し行うだけで農業が再開できることがわかった。私が今回のサマースクールの2日間で感じたものは、現地に赴き、実際に実験データをとり、農地の再生に役立てる農大の「実学主義」の大切さであったのかもしれない。

私の国アルゼンチンでは、同様の自然災害が少ないことや現在ではニュース等で福島を取り上げていることが少なくなったため、福島県の8年後を想像することは難しかった。しかし、今回福島県に行くことにより、復興しているのは農地や自然だけではなく、この厳しい環境に適応する人々の多くの努力があり、一生懸命働く人々を目のあたりにし「がんばる」「ふんばる」などの日本人の心を感じた。私は、コミュニティーの活性化のために頑張っている人々とその地域に暮らしている人の強さをとても尊敬している。

（※2019年度 成果報告書をもとに再構成）

研究室で実験する筆者

Column

10年経った被災地から学んだこと
～オータムスクールに参加して～

国際バイオビジネス学科3年 浅生有紀

2011年3月11日14時46分、私は当時まだ小学6年で地元三重の小学校で授業を受けていた。震源地から離れた三重では揺れも小さく、いつも通りの小さな地震だと思っていたが、家に帰ってテレビをつけたとき、今まで一度も感じたことのない衝撃を受けたことを今でも覚えている。テレビに映っているこの津波で一体何人の人が命を落としたのだろうか、私には何もできないのだろうかと、小さいながらに思いを巡らせていた。しかし、東北を訪問する機会もなく、日が経つにつれて震災に対する恐怖や衝撃などは風化してしまっていた。そんな中で今回、私はオータムスクールに参加し、被災地である南相馬市を訪れた。

初日は南相馬市を視察した。市内のあたり一面の田園景色を見たとき、ここで震災が起き、津波にすべてのまれたとは信じがたい風景だと感じた。震災から約10年、津波の影響でマイナスから始まった農業をさまざまな協力を得ながら復興させ、のどかささえ感じさせるあの風景を取り戻したことは、本当に素晴らしいことである。被災地に元気を与えなければならない立場の私が逆に元気づけられた気がしてならなかった。

2日目はいよいよオータムスクール当日となり、私はマーケティング班として高校生のマーケティングの勉強をサポートした。テーマは「地元名物の多珂うどんのマーケティング」だった。高校生の前で簡単な説明を行うと、皆真面目に聞いてくれたり、メモを取っていたりしてくれた。私にとってすらマーケティングは難しい、奥が深いなと感じさせられるものであり、高校生にとっては大変難しい内容だったと思う。しかし、高校生は積極的に質問をし、大学生のサポートを得ながら、多珂うどんをこの先どのように販売していくべきか真剣に考えて取り組んでいた。スクールが終わったあとで、高校生たちがマーケティングを面白い、興味深いと言ってくれたことでこのプロジェクトに参加してよかったと思えた。彼らの積極的な姿勢は私にとってとても刺激になり、私も見習って勉学に励もうと強く思わされた。また、普通に東京で生活していれば関わることのない被災地の高校生とこうして関わることができたのも非常にいい経験になった。

今回このプロジェクトに参加して、被災地を初めて自身の目で見て身近に感じることができた。しかし、被災地を訪れただけで満足せずに、この機会を一歩として、これからは農業の復興について、農学を学ぶ大学生として学んでいきたいと思った。そして、いずれ来る震災が本当に起きてしまったとき、今度こそは私自身が被災地に寄り添い、支援がしたいと思う。

農業経営セミナーで福島県産品に触れる

2　農業経営セミナー・6次産業化講習会

「もう一歩踏み出すための農業経営セミナー」(以後、農業経営セミナーと記す）は、地元農業者の経営高度化を目的とし、農業経営が専門である国際バイオビジネス学科の教員と学生がホスト役となり、2日間の日程で行った。

写真Ⅲ-2-4　作り上げた経営理念を発表

2019年度は、１日目の農業経営セミナーを講義と演習の組み合わせで行い、２日目には事例視察を予定していたが、直前の台風19号の影響で中止となり、現地の台風の罹災状況の視察を行うとともに、南相馬市社会福祉協議会の災害復旧ボランティアに参加した。講義は福島県観光物産館の櫻田武館長から、アンテナショップでの経験を踏まえた売れる商品づくりについて、演習は、農業者と学生からなるグループで、農業者への経営の聞き取りから経営理念を考える、という内容であった。

2020年度の農業経営セミナーは、東京農業大学とJAふくしま未来の包括連携協定により、JAふくしま未来相馬中村営農センターを会場として行った。2020年度はまた、大豆の焙煎機と製粉機を導入し、これによって、商品の簡単な試作も可能になった。農業経営セミナーについては、１日目は2019年度と同様に、講義と演習の組み合わせによって行い、２日目は６次産業化研修会として、食品加工の専門家として福島県農業総合センター農業短期大学校の安田幸子専門員、支援策について福島県相双農林事務所の石川拓磨技師から説明を受けたのち、焙煎機と製粉機を実際に動かしてきな粉加工の実演を行った。

Column

農業経営セミナーを通じて考えた

国際バイオビジネス学科3年 市丸愛花

農業経営セミナーで福島県観光物産館館長の櫻田武氏から福島県産の農産加工品の商品開発と売れ筋商品について、また農業者との意見交換では飯豊ファームの小島氏から経営活動や経営理念についてお話を伺った。

まず、櫻田さんの話を聞いて驚いたことは、福島では素朴で温かみのあるものが求められており、決して有名パティシエが作るキラキラしたスイーツではないということだ。私自身はデパートのショーケースを眺めるとき、どちらかというと和菓子より洋菓子、また見た目が華やかなものに目をとらわれることが多い。しかし、それはただのデパートの商品の陳列としてしか見ていないからそのようになるのであって、「福島」として商品の価値を見出すためには福島らしさをアピールしていかなければならないのだ、ということに気づかされた。あまり馴染みのない山菜はてんぷらにして試食販売をしたり、購入してくださったお客様にはぬかをプレゼントしてあく抜きを教えたりと、調理方法をよりイメージしやすくすることでお客様は丁寧に説明してもらった、という満足感を感じ、より購入しやすくなるだけでなく福島の印象が強く残るのではないかなと思った。また、商品開発について、パッケージデザインやサイズも売れ行きに関わる大きな要因だ、という話も印象的だった。あまり売れなかったお酒の瓶のデザインを一新したり、調味料は大きいサイズから小さいサイズにして2種類をセットにした途端ヒット商品になったということだった。お酒は親しい人へのプレゼント用となったり、調味料は大きすぎると飽きるし消費のサイクルが遅くなる、という背景を理解したうえで、「どうしたら商品を手に取ってくれるか？」と試行錯誤していかないと売れるものも売れなくなってしまうのだな、と恐ろしくも思った。

農業者との意見交換では、相馬市の小島さんから農業への思いや大切にしていること、将来の展望などを伺ったうえで、経営理念を一緒に作った。

小島さんは本来兄が継ぐはずだった農家を代わりに継ぐことになり、高齢化や東日本大震災もあったことで周りの農家が減っていくことに危惧を感じており、この地域を、農地を、将来の後継者も含め人を守っていきたいとおっしゃっていた。また、小島さんが所有するドローンで撮影したという飯豊ファームの映像を見せていただいた。最新技術を取り入れた経営に驚きつつ、福島での農業に対する熱い思いをとても感じた。自分の会社ではないところの経営理念を考え、最終的に農家さんの前で発表するというのは、その方たちの考えを自ら理解して、さらに使命や志を的確に表現したうえで、声に出して伝えなければならず、とても緊張したし難しいことだった。しかし、経営者の隣に座ってその方の考えを誰にでもわかるようにまとめる、という経験はこのセミナーに参加しないと一生できない貴重な経験だったと思う。

今回私たちのために農業経営セミナーでお話をしてくださった櫻田さんや福島の農業者の皆様、そして運営をしてくださった先生方に感謝申し上げます。

(※2019年度 成果報告書をもとに再構成)

小島さんからお話を伺う

Column

農業経営を見つめ直す機会に

国際バイオビジネス学科４年　浜田耕希

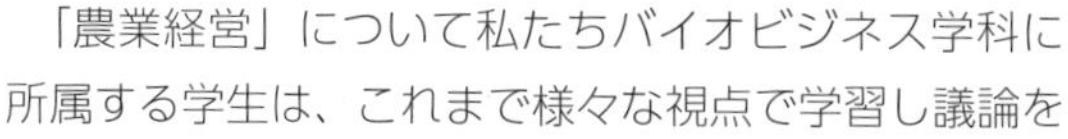

「農業経営」について私たちバイオビジネス学科に所属する学生は、これまで様々な視点で学習し議論を深めてきた。例として、財務・流通・組織管理・顧客分析などが挙げられるのだが、今回、福島県相馬市の農家・農業関連企業に実際に従事する方々を招き行ったアクティブラーニングでは、「農業経営」の中でも企業が経営を行うにあったて基礎となる「経営理念・経営戦略」に着目して議論を行った。

議論を始める前の事前学習として、福島県観光物産交流協会の櫻田武氏と東京農業大学の渋谷往男教授の講義を参加者全員で受講し、それぞれの講義で「経営戦略」・「経営理念」を考えるには何が大切なのかを学習した。その後、学生と参加者がグループ別に分かれ、それぞれのグループで実際に参加した経営者が想いうかべる理念に基づき学生と話し合い、それぞれの企業に合った「経営理念・経営戦略」を完成させるための話し合いを行った。

私の参加したグループでは、農業法人合名会社飯豊ファーム代表取締役社長の竹澤さんと共に、飯豊ファームの「経営理念・経営戦略」を考えることとなった。経営理念について、農業経営をするにあたってどのような想いを抱いていますかとの問いかけに対し、竹澤氏は重要視している２つのキーワードを提示してくださった。

１つ目のキーワードは「景観保全」だ。この言葉には「国土保全」「景観維持」といった２つの意味が含まれていた。2011年に発生した未曾有の大災害「東日本大震災」で大きな被害を受けたことや、高齢化によって農業を続けることが困難になった高齢者が増えてきたこともあり、近年農地を任されることが増えてきた飯豊ファーム。このような状況が続く中、竹澤氏は１人の相馬市民として「このままだと相馬市の田園風景が失われてしまう」と危機感を抱き、農地を託してくれた農家の人たちのためにも、今ある田園風景を数十年後も維持していかなければならないという使命感を抱いていた。この想いを経営理念に組み込むにはもう一つのキーワードが欠かせない。それは「サステイナブル（持続可能な）」という言葉である。

竹澤氏は景観保全を維持していくには、メンバーの平均年齢が高すぎることを危惧していた。持続可能になるような取り組みを行っていかなければ、どれだけ熱く想っていてもいずれ途絶えてしまう。そのような議論が繰り広げられた後に完成した経営理念が「地域の景観を保全するサステイナブルな企業」である。

「都会では田舎っぽい商品が売れやすく、福島県ではオシャレな商品が売れやすい」と櫻田氏が講義中に語ったアドバイスを基に議論を行った「経営戦略」の話し合いでは、竹澤氏の「現在栽培している小麦を加工してうどんにしたい」との要望に、「同じく飯豊ファームで栽培している大豆を豆乳にして「豆乳うどん」にしてはどうか」などといった提案をした。

「農業経営セミナー」を終えて、現実的な悩みを抱えた農業経営者とデータやその分野の専門家のアドバイスを基に課題と向き合うことで、今福島県の農業界で何が起きているのかを直に学ぶこととなり、これらの経験はその他の地方で農業経営を行う農家の状況や6次産業化について見つめ直すことにつながった。東京農業大学の学生が農業経営について学ぶことにおいて、とても有意義な機会だった。

（※2019年度 成果報告書をもとに再構成）

竹澤さんから聞き取りをする筆者

Column

水害ボランティアから得た経験

国際バイオビジネス学科3年　中塚理孔

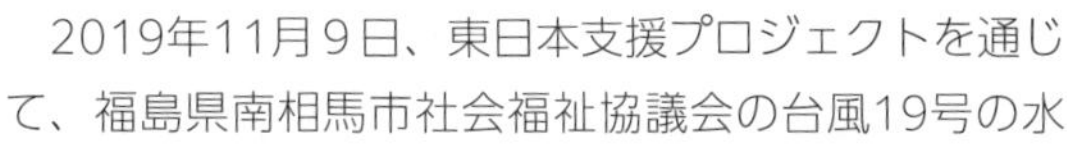

2019年11月9日、東日本支援プロジェクトを通じて、福島県南相馬市社会福祉協議会の台風19号の水害ボランティアに参加した。作業を行った場所は山の近くにある被災者のご自宅であり、大部分が前日までに私たち以外のボランティアが作業を終了していた。

まず、被災された方のご自宅で汚泥を掻き出す作業をしていく中で体感したことは、水を多く含んでいる泥はとても重く、その量も膨大であったことである。力仕事をするのは苦手ではないが、ここまでの量と重さは初めての体験であった。そして、私は一度の台風でここまで甚大な被害が起きるのかと少し怖かった。他人事ではない、いつ自分に降りかかって来てもおかしくないとも考え、自然災害は恐しいと改めて感じた。何不自由なく、大学生活が送れていること、この手記が執筆できていることに初めに感謝をしなければならない。

作業をしていく中で、私は大きく分けて２つのことを知ることができた。１つ目にニュースには取り上げられていない場所でも台風などの自然災害によって日常生活が送れずに困っている人が多数いること。最初に述べた通り、今回のお宅は山の近くであり、家の周りには田んぼしかないところであった。このような場所でも台風の被害によって困っている人がいるのか、甚大な被害が出ているのかと思ったのであった。普段のニュースの中では報道されないところでもまだまだ困っている人はいると感じ、若いからこそ自然災害の被災地に行き、ボランティアに行くべきであると考えた。

ボランティア活動を振り返り、２つ目に知ることができたことは、地方に行くと高齢者の割合は更に高くなる現状を目の当たりにしたことである。要因としてボランティアに参加されている方も高齢者の割合が非常に高いと感じたからだ。また、圧倒的なボランティアの人手不足を感じた。地方都市ということもあり若い方が少ないために、年齢の高い方も参加しているのかと想像した。今回、南相馬市に行く前からも地方に行けば行くほどに、高齢者の方が多くなるという現状は、知識として既に持っていた。しかし、ボランティアに参加させて頂いて、ここまで肌で感じられるとは思っていなかった。

今回のボランティアは大学の演習の一環として参加したものであったが、同時に行われた農業経営セミナーと合わせて、発見や考えを改めなければいけないことがここまであるとは想像もつかなかった。このボランティアを通じて得た経験を糧に、今後の大学生活をはじめとした私生活などにも活かしていきたい。このような貴重な経験をさせていただいた東日本支援プロジェクトの先生方に感謝したい。

（※2019年度 成果報告書をもとに再構成）

同様に被害を受けた拠点の清掃をする

3 商品企画演習と商品企画コンテスト

写真Ⅲ-2-5　商品企画演習

「商品企画演習」は、東京農業大学国際バイオビジネス学科の３年次の選択必修科目である。こうしたカリキュラムを東日本支援プロジェクトの取り組みと連動させ、学生が福島県で活動できることも、「復興知」事業により可能となったものである。「商品企画演習」は、学生がグループを作り、ケースメソッドにより新商品の企画に必要な知識を学ぶ演習であるが、このケースとして、相馬市産の大豆が取り上げられる。

新商品企画は、マーケティング分野で研究されてきた。規範的な枠組みに従えば、市場調査などの外部環境と、自らの資源などの内部環境の分析を踏まえた新商品アイディアの創出、生産コストの算出や市場性の確認、商品化スケジュールを踏まえた材料や生産方法を検討することによるアイディアの具現化、試作とテスト販売、といったステップを踏むとされる。だが、農業者の６次産業化ではそうしたステップを飛ばして試作と試食から始めるケースが多くみられるようだ。しかし、農業者による６次産業化においても、農業経営セミナーでも複数の講師が繰り返して述べていたように、「作ってから考えるのではなく、作る前に考える」ことが求められているのである。カリキュラムと連動させた新商品開発の演習として、こうした既知の知見を踏まえ、安易に試作を行うのではなく、この演習では新商品のアイディアを作成することを目的としている。相馬市産の大豆を取り巻く外部環境や事例となる経営体の内部環境など、学生が相馬を訪れて積み上げた知識を商品企画に活かしていくことがこの演習では求められている。

東日本大震災後、さまざまな組織や個人が福島で活動することによって、たくさんの新商品が生まれている。しかし、そのほとんどがビジネスとして成立するには至っていない。新商品をつくるだけならそれほど難しいことはない。しかし、現地の気候や土壌といった生産の特性、歴史的な営農の取り組みや組織の在り方といったことや、震災後、新たに導入された機械や設備、数多く生まれた農業法人、福島県産農産物を取り巻く流通や消費の変化、といった内部・外部の環境を分析することなくして、現地に受け入れられ、持続的に経営を展開できる商品をつくることはできない。安直に「学生ならではの新規性のあるアイディア」に逃げることなく、現地で学び続けることが必要なのである。「商品企画演習」を履修している学生は、サマー／オータムスクールや農業経営セミナーにも参加し、そのほかにも調査研究の補助など、福島に足を運んでいるが、こうした取り組みを継続することで、浜通りに人の交流が生まれ、そこから何かが生まれることを期待したい。

写真Ⅲ-2-6　商品アイディアのプレゼン

2020年１月に行われた2019年度の東日本支援プロジェクトの活動報告会において、「商品企画演習」の成果であるグループごとに考えた新商品アイディアのコンテストを行った（図Ⅲ-2-1）。前日の予選会を経て選ばれた４つのグループがプレゼンテーションを行い、活動報告会に参加した農業者の投票によって、最優秀アイディアを決定した。最優秀のアイディアに対して、相馬市長から賞状が贈られ、JAふくしま未来からは副賞として相馬市産「天のつぶ」が贈られた。2020年度もオンラインで実施された。

こうした学生の参画は、教育面でも大きな効果を上げている。参加した学生の感想等はコラムとして示すが、カリキュラムにおいてグループワークとして取り上げることによって、時間をかけて議論をし、取り組みが現地の農業者に評価もされることは被災地における新商品開発をより深く学ぶ機会となっている。農業分野にありがちな試算なきプロダクトアウト型ではなく、消費や流通の段階に求められる商品を開発することで、真に被災地に貢献できる新商品が生まれることを期待する。

図Ⅲ-2-1　2020年度の「復興知」事業の概要（相馬）

Column

農家と同じ目線になって

国際バイオビジネス学科４年　社領泰造

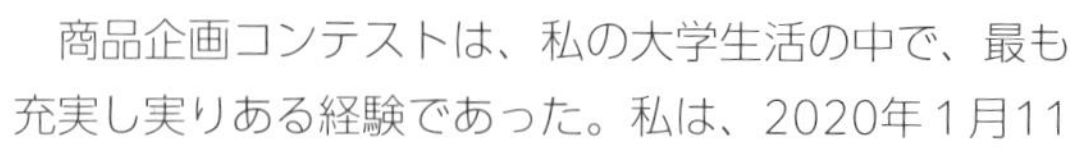

商品企画コンテストは、私の大学生活の中で、最も充実し実りある経験であった。私は、2020年１月11日と12日の２日間、「商品企画演習」と「東日本支援プロジェクト」のコラボレーションにより福島県相馬市で開催された商品企画コンテストに参加した。

私が商品企画演習を受講しようと考えた段階では、自分自身で商品開発の専門知識がないことは理解していたものの、対象とする客層の分析、嗜好・志向の流行り、競合他社の分析などマーケティングの考え方を学び、簡単に企画できるだろうと考えていた。

しかし、実際にくず大豆を用いた新商品の立案を行う中で、商品開発を実現可能なレベルまで掘り下げていくと、ヒト・モノ・カネのマネジメント力が重要であることが理解でき、企画した案が甘い事を痛感した。題材とする農家の様々な経営資源を組み合わせて商品を企画し、価格設定の算出や販売促進方法などについて先生からアドバイスや指導を受けることによって、実現性が高まった企画案を作る事ができた。その他にも、食の６次産業化プランナーのアドバイスや６次産業化の実例を自ら見て学ぶことにより、何を売りたいかではなく、消費者のニーズを知ることが商品企画において重要だと感じた。私たちの班では、ただ単に新商品を企画するのではなく、若者ならではの発想、農大生ならではの視点という強みを意識してこの商品企画に取り組んだ。

商品企画コンテストの当日、準備万端で挑んだが、観覧席にいるたくさんの農家の方々を見て、少し緊張した。発表する前に、農家の方と交流する機会があり話を伺ってみると、少子高齢化が進んだ相馬市では市場が縮小傾向にあり、６次産業化によって地域活性化や農業収益の向上などをしたいとおっしゃられ、私たちの商品企画に大変期待されていた。大勢の人がいるなかでの発表に緊張したが、６次産業化の失敗例でよく見られる「商品を作ったところで満足する」という点から、在庫のリスク管理や初期投資といった経営面も意識して発表し、「6次産業化に向けてアイデアの参考になった」と嬉しい言葉をかけて頂けた。

大学での商品企画のケーススタディを通じて、農家と同じ目線になって6次産業化のことを考え、問題を解決していく貴重な体験を出来たことはもちろん、相馬市での商品企画コンテストで発表出来たことは、班のメンバーやアドバイスをくださった先生方のお陰と心から感謝している。

商品企画や、食品メーカーに興味がある方は是非、商品企画演習に参加してみてほしい。知識がなくとも班のメンバーや先生方が優しく指導してくれる事と思う。

当日も宿舎で発表の準備を行う

Column
商品企画の難しさ

国際バイオビジネス学科４年　舛舘美月

2020年１月に東日本支援プロジェクトの一環で行われる、商品企画コンテストに参加するために、相馬市を訪問した。東北出身の私であるが、福島県を訪れたことは一度もなかった。相馬駅に到着し、旅館までバスで移動する際、車窓を眺めていると、家やスーパーなど普通の街並みがある中に、真新しい建物が建っている場所、更地になっている場所があり、津波の被害にあったのだろうと考えさせられた。

今回の商品企画コンテストに参加するにあたり、相馬市のある農業法人の大豆を使った製品という条件が課された。決めることが多くあるにもかかわらず、短時間ではなかなか意見がまとまらないうえ、市場に出ている既存の商品にイメージを引っ張られ、大変であった。話し合いを重ねた結果、私たちのグループは食品ではなく、入浴剤の案にすることにした。メンバーと共に大学が施錠される時間まで資料作成したことも、今となっては良い思い出である。

成果報告会の当日に発表するグループを決める前日の予選会では、他のグループのレベルの高さに圧倒され、自分たちのグループが選ばれることはないと思っていた。しかし、８グループ中３位という結果で翌日の発表に残ったことには、嬉しさよりも驚きの方が大きかった。

当日は、自分が考えていた以上に会場が広く、席に座る多くの人を見て非常に緊張した。控室で何度も原稿を確認し、暗記をして完璧に話すことができるよう、練習を重ねた。自分たちの発表の順番が来てからは緊張しすぎてほとんど記憶がないが、緊張のあまり、手が震えていたことだけはしっかりと覚えている。聞いていた方々にとっては、聞きにくい発表だったと思うが、未熟な発表にも真剣に耳を傾けてくださり、相馬市の方々には本当に感謝している。

会場での投票結果は、４グループ中４位という結果であった。結果発表をしていた方に「残念」と言われてしまったが、後日、私たちのグループに投票してくださった方々も自分たちの想像以上にいたこと、聴講されていた方々が「おもしろい案」などの評価してくださっていたことを知り、嬉しかった。また、商品開発に関わっている方からの講評では、「福島県の商品に入浴剤はないから、良いところに目を付けた」という言葉もいただくことができた。

6次産業化などが注目されているが、実際に商品開発をするとなると、様々な制約がある中で、売れるものを作り、利益を出すことは非常に難しいことだと実感した。また、大勢の人の前で何かを話すことは嫌だと思っていたが、考えてみればこのような機会は少なく、今振り返ると経験しておいて良かったと思う。今回、このような機会を与えてくれた方々、準備に関わってくれた方々に感謝したい。本当にありがとうございました。

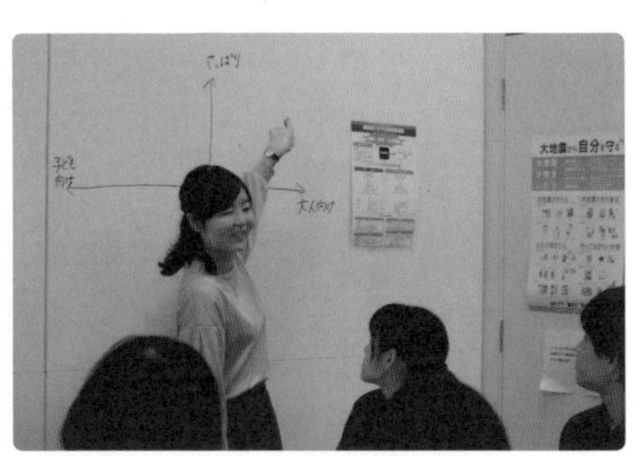

大学でのグループワークで話し合う

Column

商品企画と農家との出会い

国際バイオビジネス学科４年　梅津里彩

商品企画演習は、先生が講義をして学生が聞くという一方的な授業ではなく、学生がグループを作り、話し合い進めていく形で行われた。自ら意見を出してグループ全員で課題を進めていかなければならないので、一番大変な授業だったが、一番楽しい授業でもあった。

後半の課題が「福島県のくず大豆を使った商品」の企画であり、まず、大豆製品についての授業を受け、作る製品を決めた。くず大豆が原料なので形を変えなければ使うことができない上に、スーパーに売っているような製品では同じような製品と競合して負けてしまうかもしれないと考え、私たちのグループは、ばっけ味噌の商品企画をした。ばっけ味噌はふきのとうの味噌で、ほろ苦い味が特徴のいわゆるご飯のお供である。

商品が決まった後は、より具体的に計画を立てていった。５年間の事業化スケジュールや販売場所、パッケージなどである。なかでも苦労したところは製造方法であった。機械について調べると、目指していた製造量を生産するにはかなり大きな機械が必要ということが分かった。そうすると、初期投資が思ったよりも多くかかってしまう。また、味噌は半年～１年くらい発酵させなければならないので、最初の１年はつくるだけで販売までは見込めない。それでも、その後売れていけば初めの投資分は稼いでいけると考え、そのまま計画を進めていった。

この演習では、現地の方々にこの大豆の商品企画を発表する機会があり、福島県相馬市を訪れた。練習も兼ねて前日に予選会を行い、選ばれたグループのみが農家の方の前で発表する。これまでしっかり準備をしてきたつもりだったが、私たちのグループは投票の結果選ばれなかった。

発表会当日は、発表はできなかったが、運営側として動いていた。今でも覚えているのは、そのとき一緒にお話しした農家の方のことである。その方は、夫婦で農業を営んでいるが、６次産業化について今まであまり興味を持ったことがないとおっしゃっていた。すべてのグループの発表が終わった後、アンケートを回収する際に「やっぱり初期投資が少ないところが魅力的だよね。具体的に機械の名前を出してくれていたし、いい発表だったよ。」と投票したグループを評価していた。私は、商品企画をする上で、他の商品との差別化を図りたい、福島らしさをアピールしたいと考えていたが、そのことよりも６次産業化をあまり知らない方に具体的で分かりやすく説明することが大切なのだと感じた。

私は、この発表会のような農家の方と直接お話しする機会が今までなかった。先生方、東日本支援プロジェクトの方のおかげで貴重な経験ができました。この場をお借りしてお礼申し上げたい。ありがとうございました。

ホワイトボードでグループの意見をまとめる筆者

公表した成果一覧（年代およびアルファベット順）

Ⅰ．著書

１．後藤逸男・稲垣開生（2012）：「東日本大震災における津波被災農地の塩害対策」，『最新農業技術土壌施肥VOl.4』，農文協.

２．東京農業大学・相馬市（編）（2014）：『東日本大震災からの真の農業復興への挑戦―東京農業大学と相馬市の連携―』，ぎょうせい.

３．UEHARA Iwao, SEYAMA Tomoko, EGUCHI Fumio, TACHIBANA Ryuichi, NAKAMURA Yukito, and OHBAYASHI Hiroya (2015)“Agricultural and Forestry Reconstruction After the Great East Japan Earthquake. “Chapter 13: Nuclear Radiation Levels in the Forest at Minamisoma, Fukushima Prefecture. "pp.193-202. Springer.

４．門間敏幸（編著）（2017）『自助・共助・公助連携による大震災からの復興』，農林統計協会.

５．TANAKA Sota, ADATI Tarô, TAKAHASHI Tomoyuki and TAKAHASHI Sentaro (2020) Radioactive cesium contamination of arthropods and earthworms after Fukushima Daiichi Nuclear Power Plant accident. In: Manabu FUKUMOTO (ed.), *Low-Dose Radiation Effects on Animals and Ecosystems: Long-Term Study on the Fukushima Nuclear Accident*. Springer, Singapore, pp. 43-52, ISBN:978-981-13-8218-5, DOI: 10.1007/978-981-13-8218-5_4

６．上原　巌（2020）森林・林業のコロンブスの卵.「第3章　各地での森林でのフィールド研究　3.5　福島における放射線量の調査研究」pp.82-95．理工図書

Ⅱ．研究論文・学会論文

１．ニャムフー バットデルゲル・山田崇裕・鈴村源太郎・渋谷往男・ルハタイオパット プウォンケオ・門間敏幸（2012）：「津波被害地

域における復興組合活動の実態と課題」，2012年度日本農業経済学会論文集，pp192-198.

2．渋谷往男・山田崇裕・ニャムフー バットデルゲル・ルハタイオパット プウォンケオ・新妻俊栄・薄真昭・門間敏幸（2012）：「東日本大震災被災農家の営農継続意向とその要因についての考察」，『農業経営研究』，第50巻，第2号，pp.66-71.

3．山田崇裕・ニャムフー バットデルゲル・渋谷往男・ルハタイオパット プウォンケオ・新妻俊栄・薄真昭・門間敏幸（2012）：「東日本大震災による被災兼業農家の生活・農業被害の実態と今後の経営対応―甚大な津波被害を受けた福島県相馬市Ｔ集落の悉皆調査に基づく―」，『農業経営研究』，第50巻，第2号，pp.60-65.

4．門間敏幸（2013）：「放射能汚染地域の農業・食料消費に関する研究動向」，『農業経済研究』，第85巻，第1号，pp.16-27.

5．門間敏幸（2013）：「災害復興と農業経営学の進路―公共農業経営学の新たな領域―」，『農業経営研究』，第51巻，第2号（通巻157号），pp.1-11.

6．大野達弘・山田崇裕（2013）：「地域住民主体のNPO法人による農業活性化と震災復興に向けた共助的取組―NPO法人ゆうきの里東和ふるさとづくり協議会を事例として―」，『農業経営研究』，第50巻，第4号，特別セッション論文3，pp.82-86.

7．佐野泰三・渋谷往男（2013）：「地域と企業との連携による被災地での農業復興への取り組み」，『農業経営研究』，第50巻，第4号，特別セッション論文2，pp.77-81.

8．渋谷往男・山田崇裕・門間敏幸（2013）：「津波被災地域における農業法人化の動きと課題―福島県相馬市を対象として―」，『農業経営研究』，第50巻，第4号，特別セッション論文4，pp.87-90.

9．門間敏幸（2014）：「東日本大震災以降の放射性物質汚染に対する課題と対策」，『農業経済研究』，86巻，第3号，pp.231-239.

10. ルハタイオパット プウォンケオ・河野洋一・門間敏幸（2014）：「農地１筆ごとの放射性物質モニタリングシステムの開発と営農復興支援」，『農業経営研究』52（1・2），pp.67-72.
11. SHIBUYA Yukio and YAMADA Takahiro : (2014) Study on Corporate Support Initiatives in the Reconstruction of Agriculture following the Great East Japan Earthquake, *Journal of Agriculture Science*, 59(2) pp.99-113.
12. YAMADA Takahiro and SHIBUYA Yukio (2015) : Evaluation and Expectations in Disaster-Affected Areas for Corporate Support Initiatives in the Reconstruction of Agriculture following the Great East Japan Earthquake : Based on a Survey of Municipal Authorities in Iwate, Miyagi and Fukushima Prefectures, *Journal of Agriculture Science*, Tokyo University of Agriculture 59(4) pp.254-267.
13. TANAKA Sota, HATAKEYAMA Kaho, TAKAHASHI Sentaro and ADATI Tarô (2016) Radioactive contamination of arthropods from different trophic levels in hilly and mountainous areas after the Fukushima Daiichi nuclear power plant accident. *Journal of Environmental Radioactivity* 164: 104-112. DOI: 10.1016/j.jenvrad.2016.07.017
14. 半杭真一（2017）：「食品中の放射性物質に関する知識と消費者の意識―知識を有する忌避層の存在とアプローチの検討―」，『フードシステム研究』，第24巻，第3号，pp.215-220.
15. 田中草太・足達太郎・高橋知之・高橋千太郎（2017）節足動物・環形動物を生物指標とした食物連鎖における放射性セシウムの動態. 18th Workshop on Environmental Radioactivity, KEK, Tsukuba, Japan, High Energy Accelerator Research Organization (KEK), pp. 191-195. https://lib-extopc.kek.jp/preprints/PDF/2018/1825/1825007.pdf

16. 岩瀬名央・渋谷往男（2018）：「共同出資方式による企業の農業参入に関する一考察　―農業生産法人の成長方策の視点から―」，『農業経済研究』，90巻，1号，pp.35-40.
17. 田中草太・足達太郎・高橋知之・高橋千太郎（2018）表層性ミミズを指標とした森林林床部の放射性セシウム汚染の評価．19th Workshop on Environmental Radioactivity, KEK, Tsukuba, Japan, High Energy Accelerator Research Organization (KEK), pp. 215-218. https://lib-extopc.kek.jp/preprints/PDF/2017/1725/1725006.pdf
18. Tanaka Sota, Adati Tarô, Takahashi Tomoyuki, Fujiwara Keiko, and Takahash Sentaro (2018) Concentrations and biological half-life of radioactive cesium in epigeic earthworms after the Fukushima Dai-ichi Nuclear Power Plant accident. *Journal of Environmental Radioactivity* 192: 227-232. DOI: 10.1016/j.jenvrad.2018.06.020
19. 田中草太・柿沼穂垂・足達太郎・高橋知之・高橋千太郎（2019）福島原発事故後の飛翔性昆虫における放射性セシウム濃度，20th Workshop on Environmental Radioactivity, KEK, Tsukuba, Japan, High Energy Accelerator Research Organization (KEK), pp. 179-182. https://lib-extopc.kek.jp/preprints/PDF/2019/1925/1925002.pdf

Ⅲ．学会発表・要旨集

1．渋谷往男・山田崇裕・ニャムフー・バッドデルゲル・ルハタイオパット プウォンケオ・新妻俊栄・薄真昭・門間敏幸（2011）：「東日本大震災被災農家の営農継続意向とその要因についての考察―福島県相馬市の水稲農家を対象として―」，平成23年度日本農業経営学会研究大会報告要旨（於：三重県・三重大学），pp.182-183.
2．山田崇裕・ニャムフー・バッドデルゲル・渋谷往男・ルハタイオパット プウォンケオ・新妻俊栄・薄真昭・門間敏幸（2011）：「東日本大震災による被災兼業農家の生活・農業被害の実態と今後の経営対

応」，日本農業経営学会大会研究大会報告要旨（於：三重県・三重大学），pp.180-181.

3. 青木翔子・林　隆久ら（2012）：「針葉樹・広葉樹における放射性セシウムの動態」，2012年度日本植物生理学会研究大会報告要旨集.
4. 後藤逸男・佐々木三郎・稲垣開生（2012）：「東日本大震災による津波被災農地の復興支援（その1）津波被災農地での除塩対策」，土肥要旨集，58，p.147.
5. 長谷川綾子・林　隆久ら（2012）：「樹木中の放射性セシウムの動態」，2012年度日本植物生理学会研究大会報告要旨集.
6. 林　隆久ら（2012）：「放射性ヨウ素がキシログルカンに結合する証拠」，2012年度日本植物生理学会研究大会報告要旨集.
7. 林　隆久（2012）：「南相馬市の森林の放射能汚染とその除染」，東日本プロジェクトシンポジウム（於：東京農業大学），2012年6月14日.
8. 林　隆久（2012）：「森林が果した役割」，現場からの医療改革推進協議会第7回シンポジウム（於：東京大学医科学研究所），2012年11月11日.
9. 佐々木三郎・稲垣開生・後藤逸男（2012）：「東日本大震災による津波被災農地の復興支援（その2）津波被災農地での除塩対策」，土肥要旨集，58，p.147.
10. 小林陽一・林　隆久ら15名（2012）：「南相馬市林地の樹木細胞壁に結合する放射性セシウム」，2012年度日本木材学会研究大会報告要旨.
11. 近藤綾子・蜷木朋子・後藤逸男（2012）：「カリウムの形態が作物への^{133}Cs吸収抑制におよぼす影響」，土肥要旨集，59，p.262.
12. 野中美貴・林　隆久ら（2012）：「樹木中の放射性セシウムの動態」，2012年度日本森林学会研究大会報告要旨集.
13. 稲垣開生・佐々木三郎・後藤逸男（2012）：「東日本大震災による

津波被災農地の復興支援（その3）福島県相馬市の水田での除塩支援」，土肥要旨集，58，p.147.

14. 橘　隆一・上原　巖・中村幸人・江口文陽・大林宏也・瀬山智子（2012）：「福島の森林における放射性物質動態の調査研究―東京農業大学東日本支援プロジェクト―」，ELR2012東京 三学会合同大会講演要旨集（於：東京農業大学），p.246.
15. 高橋昌也・林　隆久ら15名（2012）：「樹木における放射性セシウムの分布」，2012年度日本木材学会研究大会報告要旨.
16. 田中草太・志磨秀人・工藤愛弓・足達太郎（2012）福島県で採集された節足動物における放射性物質の蓄積状況．日本昆虫学会関東支部第49回大会（東京農業大学厚木キャンパス、2012年12月8日）
17. 上原　巖・中村幸人・江口文陽・大林宏也・橘　隆一・瀬山智子（2012）：「福島の森林における放射性物質動態の調査研究―東京農業大学東日本支援プロジェクト―」，日本きのこ学会第16回大会講演要旨集（於 東京農業大学），p.132.
18. 上原　巖，中村幸人，橘　隆一，江口文陽，瀬山智子，大林宏也（2012）：「福島の森林における放射性物質動態の調査研究」，第2回中部森林学会（於：信州大学）.
19. 梅津　光・林　隆久ら12名（2012）：「種子植物におけるCsとKの動態」，2012年度日本木材学会研究大会報告要旨.
20. 安川知里・林　隆久ら（2012）：「樹木における放射性セシウムの吸収」，2012年度日本植物生理学会研究大会報告要旨集.
21. 林　隆久（2013）：「放射性物質の測定テクニックと機器利用の予約や使用方法について」，福島における放射性物質等取扱者のための再教育訓練（於：東京農業大学），2013年1月23日.
22. 林　隆久・板倉正晃・安川知里・野中美貴・青木翔子・大林宏也・上原　巖・海田るみ・坂田洋一（2013）：「放射能に汚染された樹木・木材」，第54回日本植物生理学会年会（於：岡山市・岡山大学），

2013年3月21日～23日.

23. 海田るみ・宮崎・矢追・田邊　純・石栗　太・谷口　亨・馬場啓一・坂田洋一・林　隆久（2013）:「ポプラ二次壁キシログルカンの機能」, 第54回日本植物生理学会年会（於：岡山市・岡山大学）, 2013年3月21日～23日.
24. 林　隆久・青木翔子・安川知里・野中美貴・板倉正晃・海田るみ・坂田洋一（2013）:「放射性セシウムを吸収した林木」, 第54回日本木材学会大会（於：盛岡市・岩手大学）.
25. 佐々木三郎・稲垣開生・後藤逸男（2013）:「東日本大震災による津波被災農地の復興支援（その4）」, 土肥要旨集, 59, p.158.
26. 青木翔子・安川知里・野中美貴・板倉正晃・海田るみ・坂田洋一・林　隆久・馬場啓一・上原　巌・大林宏也（2013）:「相馬の森林が果した役割」, 第63回日本木材学会大会（於：盛岡市・岩手大学）, 2013年3月27日～29日.
27. 海田るみ・宮崎尚之・矢追克郎・谷口　亨・馬場啓一・坂田洋一・林　隆久（2013）:「ポプラ木部におけるキシログルカンの分子機構」, 第54回日本木材学会大会（於：盛岡市・岩手大学）.
28. 野中美貴・青木翔子・安川知里・板倉正晃・海田るみ・坂田洋一・林　隆久（2013）:「カリウム葉面散布によるセシウム木部移行の抑制」, 第63回日本木材学会大会（於：盛岡市・岩手大学）, 平成25年3月27日～29日.
29. 蜷木朋子・近藤綾子・稲垣開生・後藤逸男（2013）:「福島県南相馬市の水田における放射性セシウム吸収抑制対策試験」, 土肥要旨集, 59, p.152.
30. 稲垣開生・佐々木三郎・後藤逸男（2013）:「東日本大震災による津波被災農地の復興支援（その5）」, 土肥要旨集, 59, p.159.
31. 渋谷往男・山田崇裕（2013）:「東日本大震災からの農業復興における企業支援に関する研究」, 平成25年度日本農業経営学会研究大

会報告要旨（於：千葉県・千葉大学），pp.134-135.
32. 上原　巌・中村幸人・橘　隆一・江口文陽・瀬山智子・大林宏也（2013）：「福島の森林での放射線量測定」，第3回日本森林保健学会学術総会（於：東京農業大学）.
33. 上原　巌・中村幸人・橘　隆一・江口文陽・瀬山智子・大林宏也（2013）：「福島県南相馬市の森林における放射線量の測定結果」，第3回関東森林学会大会（於：ルミエール府中）.
34. 安川知里・青木翔子・野中美貴・板倉正晃・海田るみ・坂田洋一・林　隆久（2013）：「窒素施肥による放射性セシウムの吸収促進効果」，第63回日本木材学会大会（於：盛岡市・岩手大学），2013年3月27日～ 29日.
35. 足達太郎・田中草太（2014）原発事故後に福島県で採集された節足動物における放射性物質の蓄積．第58回日本応用動物昆虫学会大会（高知大学朝倉キャンパス、2014年3月27日）
36. 渋谷往男・山田崇裕（2014）：「東日本大震災からの農業復興における企業の支援活動に関する研究―企業アンケートによる実態把握―」，平成26年度日本農業経営学会研究大会要旨集（於：東京都・東京大学），pp.82-83.
37. 山田崇裕・渋谷往男（2014）：「東日本大震災からの農業分野の復興における企業による支援の特性分析」，2014年度実践総合農学会第9回地方大会（於：屋久島町・屋久島環境文化研修センター）.
38. 山田崇裕・渋谷往男（2014）：「東日本大震災からの農業分野の復興における企業支援に対する被災地町村の評価」，2014年度日本農業経済学会大会，K4.
39. 上原　巌・瀬山智子・中村幸人・橘　隆一・江口文陽・大林宏也（2014）福島県南相馬市の山林における放射線量の定期測定結果―2014 ～ 2014年の継続調査―．第4回　中部森林学会大会
40. 足達太郎・畠山華歩・田中草太・高橋千太郎（2015）福島県中山

間地域における節足動物および環形動物を活用した放射性物質による環境汚染モニタリングの構想（ポスター発表）．第59回日本応用動物昆虫学会大会（山形大学小白川キャンパス、2015年3月26～28日）

41. TANAKA Sota, and ADATI Taro (2015) Radioactive contamination in some arthropod species in Fukushima. KANSAI JSBBA 1st Student Forum (Kyoto University Rakuyu-Kaikan, Kyoto, 31 January 2015)
42. 田中草太・高橋千太郎・足達太郎・高橋知之（2015）節足動物の栄養段階からみる食物連鎖における放射性セシウムの動態．福島原発事故による周辺生物への影響に関する専門研究会（京都大学原子炉実験所、2015年8月10日）
43. 稲垣開生・前原瞳・大島宏行・数又清市・後藤逸男（2016）福島県伊達市における畑ワサビへの放射性セシウム吸収抑制対策（その1）―山林内における畑ワサビへの放射性セシウム吸収抑制対策試験―．土肥要旨集，62，p.123
44. 大島宏行・稲垣開生・小林智之・数又清市・後藤逸男（2016）福島県伊達市における畑ワサビへの放射性セシウム吸収抑制対策（その2）―平地での土壌改良と被覆資材による生育改善と放射性セシウム吸収抑制対策試験―．土肥要旨集，62，p.124
45. Tanaka S, Takahashi S, Adati T, and Takahashi T (2016) Radiocesium transfer to the food chain through arthropods and earthworm after the Fukushima Dai-Ichi nuclear power plant accident. 76th Annual Meeting of the Entomological Society of Japan / 60th Annual Meeting of the Japanese Society of Applied Entomology and Zoology (Joint Meeting) (Osaka Prefecture University, 29 March 2016)
46. Tanaka S, Adati T, Takahashi T, and Takahashi S (2016) Behaviour of radiocesium from arthropods in different trophic levels after the

Fukushima Daiichi Nuclear Power Plant accident: Chronological changes from 2012 to 2015 (poster presentation). Second International Conference on Radioecological Concentration Processes (50 years later) Seville, Spain, 6-9 November 2016

47. 田中草太・足達太郎・藤原慶子・高橋知之・高橋千太郎（2017）福島原発事故による日本産フトミミズ属（Genus Pheretima）への放射性セシウムの移行と体内動態（ポスター発表）．京都大学原子炉実験所第51回学術講演会（京都大学原子炉実験所、2017年1月26-27日）
48. 半杭真一（2017）：「買物行動における産地選択に対する原子力発電所事故の影響―日記形式の調査による接近―」2017年度日本農業経済学会千葉大学大会、報告要旨集p.K39
49. 半杭真一（2017）：「食品中の放射性物質の検査に関する知識と消費者の意識―知識を有する忌避層の存在とアプローチの検討―」2017年度日本フードシステム学会大会個別報告
50. 岩瀬名央・渋谷往男（2017）：「共同出資方式による企業の農業参入に関する一考察―農業生産法人の成長方策の視点から―」，2017年度日本農業経済学会大会，（於：千葉県・千葉大学），K27.
51. 田中草太・足達太郎・高橋知之・高橋千太郎（2017）節足動物・環形動物を生物指標とした食物連鎖における放射性セシウムの動態（ポスター発表）．第18回「環境放射能」研究会（高エネルギー加速器研究機構、2017年3月14日）
52. 田中草太・木野内忠稔・足達太郎・高橋知之・高橋千太郎（2017）カイコを利用した放射線の内部被ばく及び外部被ばくの影響評価：環境中における被ばく形態に対応した評価手法の探索（ポスター発表）．第61回日本応用動物昆虫学会大会（東京農工大学小金井キャンパス、2017年3月27 ～ 29日）
53. 足達太郎・田中草太・畠山華歩・高橋千太郎（2017）福島県に生

息する節足動物における放射性物質の蓄積状況—原発事故後4年間の推移．第61回日本応用動物昆虫学会大会（東京農工大学小金井キャンパス、2017年3月29日）

54. Tanaka S, Adati T, Takahashi T, and Takahashi S (2017) Transfer and metabolism of radioactive cesium in Japanese earthworms after the Fukushima Nuclear Power Plant accident (poster presentation). The International Conference on the Biogeochemistry of Trace Elements (Zurich, Switzerland, 16-20 July 2017)
55. 田中草太・足達太郎・高橋知之・高橋千太郎（2017）東電福島第一原子力発電所事故により放出された放射性セシウムのフトミミズへの移行と生物学的半減期（ポスター発表）．日本土壌動物学会第40回記念大会（横浜国立大学、2017年5月20 ~ 21日）
56. 半杭真一（2018）：「放射性物質による農産物の忌避に関する消費者の細分化：選択行動とモニタリング検査に対する意識による接近」2018年度日本農業経済学会個別報告
57. 田中草太・足達太郎・高橋知之・高橋千太郎（2018）表層性ミミズへの放射性セシウムの移行状況と代謝実験（ポスター発表）．第19回「環境放射能」研究会（高エネルギー加速器研究機構、2018年3月13 ~ 15日）
58. 田中草太・足達太郎・高橋知之・高橋千太郎（2018）福島県で採集された節足動物への放射性セシウムの移行状況—原発事故後6年間の推移（ポスター発表）．日本保健物理学会第51回研究発表会（ホテルライフォート札幌、2018年6月29 ~ 30日）
59. 田中草太・足達太郎・高橋知之・高橋千太郎（2018）節足動物及び表層性のミミズを指標とした放射性セシウムの食物網を介した動態．第5回福島原発事故による周辺生物への影響に関する勉強会(東京大学農学部、2018年8月3 ~ 4日)
60. 柿沼穂垂・田中草太・足達太郎（2018）福島の中山間地に生息す

る飛翔性昆虫における放射性セシウム濃度（口頭発表）．関東昆虫学研究会第2回大会（東京農業大学世田谷キャンパス、2018年12月8日）

61. 上原　巖（2018）福島県南相馬市の山林における放射線量の動態―2012年と2017年の比較―．日本森林保健学会第8回学術総会
62. 吉田拓史・大島宏行・稲垣開生・加藤拓・前田良之・後藤逸男（2018）福島県相馬市における復興水田および大豆畑の追跡調査．土肥要旨集，64，p.150
63. 田中草太・柿沼穂垂・足達太郎・高橋知之・高橋千太郎（2019）福島原発事故後の飛翔性昆虫における放射性セシウム濃度（ポスター発表）．第20回「環境放射能」研究会（高エネルギー加速器研究機構、2019年3月12 ～ 14日）
64. Nakajima Toru (2020):「Visualization of Radiation Dose Rate by UAV in Fukushima」, The 11th International Conference on Environmental and Rural Development (Royal University of Agriculture, Siem Reap Province, Cambodia) 2020年2月28日～3月2日
65. 田中草太・柿沼穂垂・足達太郎・高橋知之・高橋千太郎（2020）福島原発事故後の飛翔性昆虫における放射性セシウム濃度（ポスター発表）．第21回「環境放射能」研究会（高エネルギー加速器研究機構、2020年3月12 ～ 13日開催予定のところ、新型コロナウイルス感染症対策のため研究会の開催を中止。主催者により発表は成立したものとみなされる。）
66. 上原　巖（2020）原発事故8年後における福島県南相馬市の山林の放射線量の現状と3段階の間伐の実施．応用森林学会第71回大会.

Ⅳ．協会誌・雑誌等

1．後藤逸男（2012）：「津波被災農地復興に役立つ転炉スラグ」，『日本鉄鋼協会誌（ふぇらむ）』，第17巻，pp.554-559.

2．後藤逸男・稲垣開生(2012)：「福島の農家と共に取り組む放射能問題」，『日本土壌協会誌（土づくりとエコ農業）』，第44巻，pp.31-37.
3．後藤逸男（2012）：「希望を求めて，被災地農家の挑戦（第8回）：福島県相馬市の農家と東京農業大学東日本支援プロジェクト」，『農耕と園芸』，3月号，pp.38-43.
4．林　隆久（2012）：「樹木における放射性セシウム動態解明をめざして」，『東京大学アイソトープ総合センターニュース』，Vol.42，No.4，pp.11-15.
5．板倉正晃（2012）：「研究室訪問シリーズ（16）東京農業大学応用生物科学部バイオサイエンス学科植物遺伝子工学研究室」，『林木の育種』，No.242，pp.40-42.
6．門間敏幸（2012）:「津波・放射能汚染からの農業・農村の復興」，『大日本農会』，8月号，NO.1562，pp.6-20.
7．門間敏幸（2012）：「8分野の専門家チームを結成し，4重苦の複合被害からの復興を総合的に支援」，『中央畜産会』，畜産コンサルタント，1月号，VOL.48，NO.565，pp.18-23.
8．門間敏幸・星　誠（2012）：「津波・放射能汚染からの福島農業復興の課題と復興モデル―東京農大・東日本支援プロジェクトの経験から―」，『全農林労働組合』，農村と都市をむすぶ誌，4月号，NO.726，pp.15-23.
9．門間敏幸（2012）：「人間シリーズ―先祖代々の土が与えてくれる力を信じて復活する―」『女性自身』，12月18日号，pp.62 ~ 68.
10. 門間敏幸（2012）：「東日本プロジェクトの最新情報」『東京農業大学校友会ニュース』第112号
11. 谷口　弘（2012）「ズームアップ東日本支援プロジェクト上　農業の復興は東京農大の使命」『新・実学ジャーナル』2012年10月号
12. 谷口　弘（2012）「ズームアップ東日本支援プロジェクト中　完全

復興への確かな歩み」『新・実学ジャーナル』2012年11月号
13. 谷口　弘(2012)「ズームアップ東日本支援プロジェクト下　コミュニティーの創造」『新・実学ジャーナル』2012年12月号
14. 後藤逸男（2013）:「東日本大震災による津波被災農地からの復興」,『野菜情報』,第111巻，pp.37-44.
15. 後藤逸男・稲垣開生・大島宏行（2013）:「津波被災農家を元気にする緑肥」,『牧草と園芸』,第61巻，pp.1-8.
16. 後藤逸男(2013):「転炉スラグの農業利用―津波被災地の復興にも役立つ転炉スラグ―」,『環境浄化技術』,第12巻，pp.41-48.
17. 門間敏幸（2013）:「津波・放射能汚染からの農業・農村の復興―東京農業大学・東日本支援プロジェクトの2年―」,『明日の食品産業』,pp.2-8.
18. 門間敏幸（2013）:「津波・放射能汚染からの農業復興の方向」,『AFCフォーラム』,pp.7-10.
19. 門間敏幸（2013）:「平成24年度の報告会」『東京農業大学校友会ニュース』平成25年4月号　第113号
20. 門間敏幸（2013）:「復興活動を点から面へ　東日本支援プロジェクトの最新情報」『東京農業大学校友会ニュース』平成25年10月号　第114号
21. 門間敏幸（2013）:「第11回　放射能汚染地域の復興―放射能汚染地域の農業復興の道―」,『コロンブス』,12月号，pp.36-37.
22. 門間敏幸（2013）:「相馬市2か所で報告会　東日本支援プロジェクト12年度の活動報告」『東京農業大学校友会ニュース』第113号
23. 門間敏幸（2014）:「東日本支援プロジェクト研究活動の成果を集大成　“農業復興指導書”を刊行」『東京農業大学校友会ニュース』平成26年4月号　第115号
24. 門間敏幸（2014）「東京農大・東日本支援プロジェクト3年間の経験を伝える　その2　復興支援活動を展開する時の留意点」『新・

実学ジャーナル』2014年6月号
25. 門間敏幸（2014）:「本格復興,第2ステージへ　東日本支援プロジェクトの最新情報」『東京農業大学校友会ニュース』平成26年10月号　第116号
26. 谷口　弘（2015）「ズームアップ東日本支援プロジェクトin相馬　真の復興に向けた第2ステージ」『新・実学ジャーナル』2015年3月号
27. 門間敏幸（2015）:「農大方式で「そうま復興米」4年間の取り組みと今後の方向」『東京農業大学校友会ニュース』平成27年4月号　第117号
28. 谷口　弘（2015）「ズームアップ東京農大東日本大震災復興支援ボランティア　寄り添うことの大切さ」『新・実学ジャーナル』2015年4月号
29. 後藤逸男・渋谷往男（2016）:「復興支援　被災地の水田復興 土壌改良技術を」,『東京農業大学by AERA 125年の原点』, pp.18-19.
30. 渋谷往男（2016）:「被災農家の農業再開を支援　東日本支援プロジェクトの5年間と今後の取り組み」『東京農業大学校友会ニュース』平成28年4月号　第119号
31. 上原　巌（2016）:「森林再生班　平成27年度調査研究報告会　南相馬市における津波被害の植生回復」『東京農業大学校友会ニュース』平成28年4月号　第119号
32. 足達太郎（2016）:「福島の農業復興への新たな指標に　節足動物体内の放射性セシウム量の推移解明」『東京農業大学校友会ニュース』平成28年11月号　第120号
33. 半杭真一（2017）:「福島県産農産物のマーケティング・リサーチを通じた震災復興」『東京農業大学校友会ニュース』平成29年11月号　第122号
34. 信岡誠治（2017）:「福島県内で初めて乳牛放牧を再開　東日本支

援プロジェクトの調査研究成果」『東京農業大学校友会ニュース』平成29年5月号　第121号
35. 半杭真一（2017）：「東日本大震災からの食と農の復興」『新・実学ジャーナル』2017年10月号
36. 半杭真一（2017）：「福島県産農産物のマーケティング・リサーチを通じた震災復興」『東京農業大学校友会ニュース』平成29年11月号　第122号
37. 渋谷往男（2018）：「津波被災地の農業法人の経営戦略　東日本支援プロジェクトの調査研究成果」『東京農業大学校友会ニュース』平成30年5月号　第123号
38. 大島宏行（2018）：「東日本支援プロジェクト　伊達の畑ワサビ7年ぶり出荷　JAふくしま未来との取り組みと今後の方向」『東京農業大学校友会ニュース』平成30年11月号　第124号
39. 大島宏行（2019）「相馬・伊達の営農完全復活を目指して　震災から8年　東京農大「東日本支援プロジェクト」」『新・実学ジャーナル』2019年3月号
40. 鈴木敬吾（2019）「復興支援9年目に　東京農大　相馬で活動報告会」『新・実学ジャーナル』2019年5月号
41. 半杭真一(2019):「みんなの胃袋を満たしてきた福島県／半杭真一」『原子力文化』2019年9月号
42. 鈴木敬吾（2019）「南相馬でサマースクール　人材育成で復興支援　東京農大　地元高校生対象に」『新・実学ジャーナル』2019年10月号
43. 山﨑晃司（2019）：「東日本支援プロジェクト　復興の障害にならないために　阿武隈山地の野生動物たちの動向」『東京農業大学校友会ニュース』令和元年5月号　第125号
44. 中島　亨（2019）：「東日本支援プロジェクト　安心して営農活動ができるように　山間の牧草地や森林の放射性セシウム調査」『東

京農業大学校友会ニュース』令和元年11月号　第126号

45. 渋谷往男(2020):「東日本支援プロジェクト　福島イノベーション・コースト構想による活動強化」『東京農業大学校友会ニュース』令和元年2年5月号　第127号
46. 鈴木敬吾（2020）「復興から地域創生へ　東京農大東日本支援プロジェクト　相馬で研究成果発表会　上」『新・実学ジャーナル』2020年3月号
47. 鈴木敬吾（2020）「復興から地域創生へ　東京農大東日本支援プロジェクト　相馬市報告会　下」『新・実学ジャーナル』2020年5月号
48. 上原巖(2021)「原発災害後の福島の山林の再生を目指して　間伐・針広混交林化のこころみ」『現代林業』2021年１月号，pp.1-6.

Ⅴ. 主な新聞掲載記事

1. 後藤逸男（2012年6月24日）：日本経済新聞：塩害で荒れた農地は沃野に変わる.
2. 後藤逸男（2012年7月3日）：毎日新聞：低コストで除塩「相馬手法」開発.
3. 後藤逸男（2012年9月5日）：日本農業新聞：転炉スラグ施用とソルゴーで除塩.
4. 林　隆久（2012年2月2日）：産経新聞：セシウム樹木に浸透―数千ベクレル「基準値必要」―.
5. 林　隆久（2012年2月2日）：北海道新聞：樹木内部からセシウム―福島3市町の森林調査―.
6. 門間敏幸（2012年5月28日）：福島民友新聞：玉野の農地で詳細調査開始.
7. 門間敏幸（2012年5月28日）：朝日新聞：相馬・玉野の全農地測定へ.
8. 門間敏幸（2012年7月21日）：読売新聞：畑の除染方法を助言・水

産加工の技術開発―大学支援に奔走中.

9. 後藤逸男（2013年3月9日）：福島民友新聞：製鋼スラグ使用した肥料450トンを相馬市へ.
10. 後藤逸男（2013年3月9日）：福島民報：「鉄鋼スラグ」肥料で土壌改良.
11. 後藤逸男（2013年3月10日・11日）：日本経済新聞：支える歩み止めず―共助の現場―.
12. 後藤逸男（2013年3月26日）：読売新聞：鉄かすで農地除塩，福島相馬.
13. 後藤逸男（2013年4月4日）：日本経済新聞：農地再生　新手法で.
14. 後藤逸男（2013年10月1日）：日刊産業新聞：「そうまプロジェクト」転炉スラグ肥料有効性を大規模に確認.
15. 後藤逸男（2013年10月1日）：鉄鋼新聞：新日鉄住金などの「鉄鋼スラグ」津波被災農地復活に有効福島県・相馬で米収穫，実証.
16. 後藤逸男（2013年10月1日）：福島民友新聞：農地復興に手応え.
17. 後藤逸男（2013年10月1日）：朝日新聞：土壌改良・塩害克服50ヘクタール.
18. 門間敏幸（2013年3月11日）：日刊産業新聞：被災農地除塩に協力―転炉スラグ肥料が効果発揮―
19. 半杭真一（2016年7月13日）：毎日新聞「復興を探して：東日本大震災　福島・南相馬出身のマーケティング研究者　風評克服の道探る　父の牧場、震災後再開できず」
20. メンバー共通（2019年8月10日）：福島民報「東京農大サマースクール　高校生と学び多く」

Ⅵ. イベント（学内）

1. 「食と農」の博物館　国際食料情報学部企画展示「つなぐ」2017年10月25日～2018年3月11日）トークショー「東日本大震災復興支

援プロジェクト―相馬市と東京農大の歩み―」(相馬市役所　伊東充幸氏と共同)(2017年11月3日)

Ⅶ. プレスリリース

1. 「福島県中山間地に生息する節足動物体内の放射性セシウム量の推移を解明―農業復興にむけて、除染効果を判定するあらたな指標となる可能性」2016年7月29日　大学プレスセンター　https://www.u-presscenter.jp/article/post-35904.html

〈執筆者一覧〉

本文執筆者（アルファベット順）
・足達　太郎　東京農業大学 国際農業開発学科 教授
第Ⅱ部　第４章
・福島イノベーション・コースト構想推進機構　第Ⅰ部　第３章
・後藤　逸男　東京農業大学 名誉教授　第Ⅱ部　第３章
・半杭　真一　東京農業大学 国際バイオビジネス学科 准教授
第Ⅰ部　第３章，第Ⅱ部　第２章，第Ⅲ部　第２章
・井形　雅代　東京農業大学 国際バイオビジネス学科 准教授
第Ⅲ部　第１章
・稲垣　開生　東京農業大学 客員研究員
第Ⅱ部　第３章
・入江　彰昭　東京農業大学 地域創成科学科 准教授
第Ⅲ部　第１章
・伊藤　啓一　㈱舞台ファーム 常務取締役　第Ⅲ部　第１章
・黒瀧　秀久　東京農業大学 自然資源経営学科　教授
第Ⅲ部　第１章
・門間　敏幸　東京農業大学 名誉教授　第Ⅰ部 第１章
・中島　亨　東京農業大学 生産環境工学科 准教授
第Ⅱ部　第７章
・小川　繁幸　東京農業大学 自然資源経営学科 助教
第Ⅲ部　第１章
・大澤　貫寿　学校法人東京農業大学 理事長　対談
・大島　宏行　東京農業大学 農芸化学科 助教
第Ⅱ部　第３章
・渋谷　往男　東京農業大学 国際バイオビジネス学科 教授
第Ⅰ部　第２章，第Ⅱ部　第１章

・菅原　優　東京農業大学 自然資源経営学科
第Ⅰ部　第３章，第Ⅲ部　第１章
・鈴木　郁子　東京農業大学大学院 林学専攻 修了生
第Ⅱ部　第６章
・立谷　秀清　相馬市長　対談・はしがき
・髙畑　健　東京農業大学 農学科 准教授
第Ⅲ部　第１章
・髙野　克己　東京農業大学 学長　はしがき
・上原　巌　東京農業大学 森林総合科学科 教授
第Ⅱ部　第５章
・山本　祐司　東京農業大学 農芸化学科 教授　第Ⅲ部　第１章
・山﨑　晃司　東京農業大学 森林総合科学科 教授
第Ⅱ部　第６章

Column執筆者（アルファベット順）

・エイン テエター ウ　東京農業大学大学院 国際農業開発学専攻
・浅生　有紀　東京農業大学 国際バイオビジネス学科
・浜田　耕希　東京農業大学 国際バイオビジネス学科
・針生　信夫　㈱舞台ファーム 代表取締役社長
・市丸　愛花　東京農業大学 国際バイオビジネス学科
・今井　梨絵　東京農業大学 国際バイオビジネス学科 卒業生
・町田　尚大　東京農業大学大学院 農芸化学専攻 修了生
・舛舘　美月　東京農業大学 国際バイオビジネス学科
・中塚　理孔　東京農業大学 国際バイオビジネス学科
・大庭　涼太　東京農業大学 国際農業開発学科
・大浦　龍爾　浪江町農林水産課課長補佐兼農政係長兼
農業委員会事務局次長
・鈴木　郁子　東京農業大学大学院 林学専攻 修了生

・社領　泰造　　　　東京農業大学 国際バイオビジネス学科
・寺島　マリソル　　東京農業大学大学院 農業環境工学専攻
・東條　歩香　　　　東京農業大学 国際バイオビジネス学科
・梅津　里彩　　　　東京農業大学 国際バイオビジネス学科

インタビュー（アルファベット順）
・伊東　充幸　　相馬市役所 産業部長
・片平　芳夫　　片平ジャージー自然牧場
・数又　清市　　ＪＡふくしま未来 組合長
・佐藤　紀男　　岩子ファーム
・高玉　輝生　　ＪＡふくしま未来 そうま地区本部次長
・武山　洋一　　南相馬市 山林家
・竹澤　一敏　　飯豊ファーム
・八巻　一昭　　相馬地方森林組合 組合長

東日本大震災からの農業復興支援モデル
―東京農業大学10年の軌跡―

令和３年３月１日　第１刷発行

編　著　東京農業大学

発　行　株式会社ぎょうせい

〒136-8575　東京都江東区新木場1-18-11
URL：https://gyosei.jp

フリーコール　0120-953-431
ぎょうせい　お問い合わせ　検索　https://gyosei.jp/inquiry/

〈検印省略〉

印刷　ぎょうせいデジタル株式会社

ISBN978-4-324-80108-6
(5598370-00-000)
〔略号：震災農業復興〕